12 岁开始学 JavaScript 和 Web 应用

[日] TENTO 著

徐乐群　译

中国水利水电出版社
www.waterpub.com.cn
·北京·

前言

● 时隔四年的自信之作

终于能将这本书奉献给大家了！

TENTO 出版第一本书——《12 岁开始：初学 HTML5 和 CSS3》是在 2013 年，那本书的最后略微记载了一些 JavaScript 的写法。我们原本以为下一本 JavaScript 入门书很快就能出版发行。

没想到等到这本书真正出版，时间已经过去了四年。当年看《12 岁开始：初学 HTML5 和 CSS3》学习 HTML 的人如果是 12 岁的小学生，如今都已经变成高中生了呢。在这些人里会不会有人伸长了脖子在等这本书的出版呢？啥！脖子越伸越长，连天花板都捅破了？是啊，还真是过去了太长的时间啦……

不过在这段时间里，TENTO 的实力也大大加强了哦！ 2011 年，作为日本第一个面向儿童的编程学校，TENTO 从文化宫的一个角落起步，如今已走出首都圈，在日本各地普及开来。通过举办活动聚集了数千人，通过电视节目吸引更多的人前来加入。虽然这本书迟迟没有出版，但 TENTO 出版的关于 Scratch 和 Minecraft 等书籍在书店里摆得到处都是呢！

最令人欣慰的是，和我们一起学习编程的孩子真是增加了不少啊！正是通过他们，我才能观察到各种各样的编程语言的学习方法——JavaScript 也不例外。在这四年里，跟孩子们一起学习 JavaScript，我才能够更仔细地研究学习方法，让它能更加容易理解。为了能让孩子们既高效、又快乐地学习

JavaScript，这本书真是下足了功夫，包含了不少特色呢。

● 特色一：只讲JavaScript！

JavaScript 一般都是在网页中使用。在 TENTO 的实际学习中，也是首先制作一个网页，然后才开始编写 JavaScript。在这种情况下，由于页面的大部分都是用 HTML 写成的，只有一部分才会用到 JavaScript。观察初学编程的孩子们的反应发现，这种学习方法不是那么合适。JavaScript 混杂在 HTML 里使得程序难于阅读，初学者都不知道从哪里看起。这可就与教学的初衷背道而驰了。

因此，本书通过尽量抛弃 HTML 部分而只使用 JavaScript 的方法来推进课程，使得读者可以把注意力集中在作为各章要点的 JavaScript 程序上。从而更易于理解各章节中所涉及的 JavaScript 的要点和重点，诸如"循环逻辑""判断逻辑"等。

● 特色二：内容最少！

学习编程就像学习骑自行车时要用到辅助轮、要有父母的陪伴守护一样。但是当你有了一定的自信后，就可以抛开辅助轮了。抛开辅助轮并不代表你已经学会了骑自行车，你还需要学会刹车、下坡、匀速转弯等方法。这些都没人能继续教给你，而是要靠自己摸索，自己体会、练习了。

这本书就像辅助轮一样，为读者示范 JavaScript 的最初运行轨迹，各位沿着这条道路前行，就会逐渐掌握运用 JavaScript 的方法。然而，真正的学习是从读完这本书之后才开始的。

学习完这本书，还有许多必须掌握的知识。比如 HTML 的更详尽的操作方法、面向对象的使程序更容易理解的方法、程序库的使用方法……如果不知道这些，是没有办法做出真正的程序的。这就像学骑自行车一样，要靠自己不断地学习。

因此，本书的内容仅仅是帮助大家起步。进阶的知识还需要大家通过上网查询，编写自己感兴趣的程序，在不断学习的过程中一点一点来掌握。

● 特色三：范例很短！

究竟什么时候才会有"我真的会编程了！"这种体会呢？大概就是当你试着运行自己写出的程序，知道程序的哪个部分对应着哪个动作的时候。例如，当试着改变了程序中的一个数字，人物的速度变得更快了，说明这个数字代表着人物的速度——正是这种小小的知识点积累出"我明白了！"的成就感。

程序越短，操作就越容易理解。因此，为了易于理解程序的结构，本书尽量使用简短易懂的范例。

使用短范例的另一个目的是让读者能够对范例进行自己独特的修改。修改了自己不喜欢的地方，一开始程序很可能无法运转，但是通过自己独立地思考，最终让程序执行起来，你所得到的乐趣一定会比直接运行范例更加深刻。

本书提供的范例尽可能简单，正是为了让读者能够自由发挥。觉得范例非常无聊的你，赶紧想想怎样让实际编写出来的程序变得有趣起来吧！

● 特色四：开心学习！

在本书中不时地冒出小狗藤淘君（译者注："藤淘"的发音在日语中和TENTO 是一样的）和小猫包子酱。藤淘君是一个有点冒失、淘气的"男孩子"，包子酱是一个可靠、知识渊博的"女孩子"。各章的开头都是藤淘君不断地在犯傻的一组四格漫画，有人会不会是先看到这些漫画才对本书感兴趣的呢？

这样也挺好啊！能边看漫画边感受到编程的乐趣，也是在编程学习中迈出了很好的第一步啊。

学习编程的最大诀窍就是在学习过程中找到编程的乐趣，由于感兴趣而不断地推进自己创新、进步才是最好的学习方法。死记硬背的方式，是不太适合编程学习的。就像藤淘君，你可能会认为他是一个调皮捣蛋、只会给人添乱的孩子；但从另一个角度来看，他也是一个典型的无论做什么事都能乐在其中并且主动学习的孩子。事实上，TENTO 认为这样的孩子更适合学习编程呢。

来吧！
让我们开启愉快的编程之旅吧！

TENTO　竹林　晓

CONTENTS

第 8 章 制作游戏
使用事件和定时器制作游戏

来吧！
让我们一起熟练掌握 JavaScript 吧！

角色设定

藤淘君

健康的男孩，狗族
最喜欢搞恶作剧
会两条腿走路、四条腿爬行的特技
兴趣是发呆和换服装
爱吃的食物是秋刀鱼

包子酱

一只不可思议的猫，女孩
能不时地变化身体颜色
非常了解计算机和互联网
上知天文，下知地理
喜欢的食物是草莓冰激凌

咖喱君

海狮
没有和藤淘君一起学习JavaScript
但总在每一句话中出现的谜一样的存在
喜欢吃咖喱饭
身材魁梧，据说很爱说闲话

JavaScript是什么

编程与JavaScript

在真正进入 JavaScript 学习之前，我们先来做些准备工作吧！

首先，JavaScript 是一种编程语言。让我们想想什么是编程语言呢？所谓编程语言就是用来编写程序的语言，那么程序又是什么呢？这些非常简单，却又非常重要的概念，我们将会一一做说明。

其次，让我们了解一下 HTML 和 CSS。事实上，正是由于这两者的出现才产生了 JavaScript。不用 HTML 和 CSS 制作的网页几乎不存在。目前，使用这两种语言来制作网页是大家的共识，所以很少有人提及 HTML 和 CSS。现在，反而是包含了 HTML、CSS 和 JavaScript 的"HTML5"被越来越多地提到。

藤淘君的第一天：

延伸脊椎骨就够了啊！

编程是什么

程序是什么呢?"编程语言"虽然名字也叫作"语言",但它和日语、英语、汉语等人类所使用的语言有着明显的区别。那么,它到底是什么呢?

● 人类语言、机器语言

所谓程序,是指事件发生时,记载着要按照某种顺序运行的东西。

在运动会和文艺汇演等场合,把节目的标题和顺序等记录下来的叫流程。计算机程序基本上也是如此,它记载着内容和以怎样的顺序进行。

但是,计算机程序与运动会流程有很大的不同。运动会流程是人可以阅读和理解的;计算机程序是为了让计算机可以阅读和理解而创造出来的。

执行程序是人还是计算机,程序的写法会有很大的差别。一般来说,计算机不能很好地理解人类的语言,所以面向计算机的程序必须使用机器专用语言(称为机器语言或机械语)来记述。这种面向计算机的程序的制作过程,就是编程。

● 编译器和解释器

机器语言(机械语)是这样的:

```
001001000011110001101010001111010101110001101010
```

这是什么意思?是在什么场合下说的?这些问题要根据上下文才能明白。我们经常听到的"计算机只认识 0 和 1"就是指这个。你对计算机发出的命

令——包括"打开这个软件""输入这个字符""链接这个网址"等信息，都是以这种形式传达给计算机的。

怎么可能明白啊!
不是只有 0 和 1 嘛!

并不是没有能读懂机器语言的人。它也是一种语言，能够掌握它的人还是有的，只不过非常少。

世界上有很多人被称为计算机工程师，他们以操作计算机为职业，但他们中间的大多数人也都不懂机器语言。更多的情况下，人们用人类能理解的语言来编写程序，然后再把它翻译成机器语言。直接接触机器语言的机会是非常少的。

用人类能理解的语言来编程，再翻译成计算机可以理解的形式的方法有两种。一种是使用编译器。制作出 Windows 和 Mac 等几乎所有部分的编程语言——C 语言就是通过这种方式。也可以说，Windows 和 Mac 是人用 C 语言编写出程序，通过编译器翻译成机器语言，然后开始运行的。

编译器的特点是把整理在一起的程序一次性地编译出来。比如在计算机上运行的操作系统（OS）（Windows 或 Mac），软件（Word 或 Excel）等，这种大型产品在开发时就经常使用编译器方式。

与此相对，还有一种被称为解释器。它和编译器一样，也是能翻译出机器语言的软件。但与编译器不同的是：它边读取边解释，读取一行、解释一行。因为写出的程序立马就能被解释出来，所以互联网上的软件、维护等常常使用解释器。Perl 和 Python 等就很有名。不过，通过解释器的程序在处理速度上要比编译出来的慢很多。

● 怎样编程？

　　计算机在某些方面比人类聪明得多，不会出漏洞，但在某些方面又有很大的不足。例如，计算机可以按照命令，正确而高速地重复执行某项工作。接到进行计算的命令，就算是给 1000 个计算公式，也会一声不吭地拼命计算。

　　但是，我们却完全无法下达那些对人来说能明白，但是粗略、模糊的命令。例如，我们说"把这个杯子拿到那边去"，即便是小孩子也能明白这个命令，从而把杯子拿到另一个地方。但如果想让计算机也做同样的事情，就会变得很困难。"杯子在哪儿？""那边是哪里？""拿过去是怎么一回事？"这些都要对计算机逐一进行说明。因此，编程必须做到完全准确，不能存在模糊的内容。比起命令人来说，还是要麻烦一点的。

HTML、CSS与 JavaScript

JavaScript 和 HTML 以及 CSS，三者合起来才能发挥出威力。HTML 是什么？ CSS 是什么？ JavaScript 又在其中起到怎样的作用呢？让我们来了解一下。

● HTML和CSS

制作网页主要需要三种语言，HTML 就是其中之一。HTML 是 Hyper Text Markup Language（超级文本编辑语言）的首字母简写，它决定了网页的框架。就像没有骨头的人是不存在的一样，完全不使用 HTML 的网页几乎是不存在的。

```
tento.html

<html>
  <head>
    <title>是藤淘君！</title>
  </head>
  <body>
    <p>是藤淘君！</p>
  </body>
</html>
```

HTML 的基本书写规则，首先就是分成 <head> 和 <body> 两部分。其次，像 "<p> 是藤淘君！ </p>" 这个语句一样，在两端使用两个符号 "<>" 框住内容，并在语句结尾处使用符号 "</>"。关于这些就不在这里重复说明了。

具体规则，请大家自学哦。

网页框架之外的修饰部分：诸如颜色、大小、字符的形状（字体），通常就要用 CSS（Cascading Style Sheets 的首字母简写）来进行描述了。

在前面的 tento.html 文件中添加 CSS 的话……

---

tento.html

```html
<html>
  <head>
    <title>是藤淘君！ </title>
    <style>
    p {
      color: red;
      font-size: 40px;
    }
    </style>
  </head>
  <body>
    <p>是藤淘君！ </p>
  </body>
</html>
```

是藤淘君！

● CSS的书写方法

有三种书写 CSS 的地方。分别是：

- 在<Style>标签中
- 在文本中
- 在外部文件里

一种像上述范例那样，先写出 <Style> 标签，并且在其中记入 CSS。

一种是在想装饰部分的 HTML 标签中直接记入，就像这样：

```
<p style="color: red;"> 是藤淘君！ </p>
```

还有一种就是记入一个后缀为 .css 的文件中，把它和后缀为 .html 的文件分开。基本上，很多人都会采用这种方法。

因为根据观看人的操作环境不同，看到的页面也有差异。即便是同一个网页，用计算机看和用智能手机看，页面的显示是不一样的。因为计算机和智能手机的屏幕大小不同，计算机版的网站，在智能手机上显示出来就很不舒服。

因此，大部分网站除了计算机版以外，还会专门准备适用于智能手机的版本。

在这种场合下，如果想要将所有设定全部塞进 HTML 文件，为了适应计算机和智能手机，就必须准备两套文件。同样的内容就必须书写两遍。但如果把 HTML 和 CSS 分开，就很容易处理了。这是因为网页的构造和内容都一样，只是网页的表现形式有所不同。

除此之外，还有一个重要的理由：查看网页的不仅仅只有人。

以百度搜索为例。在百度搜索系统里，百度软件通过各种各样的链接，从互联网上查找各种各样的词语并显示结果。这是由百度程序自主执行的，而不是由人来选择网页的。换言之，网页也要让机器能看懂。

在这种情况下，如果表现形式和页面内容混杂在一起，搜索有时就无法顺利进行。因此，在实际操作中，CSS 文件大多是与 HTML 文档分开制作的。

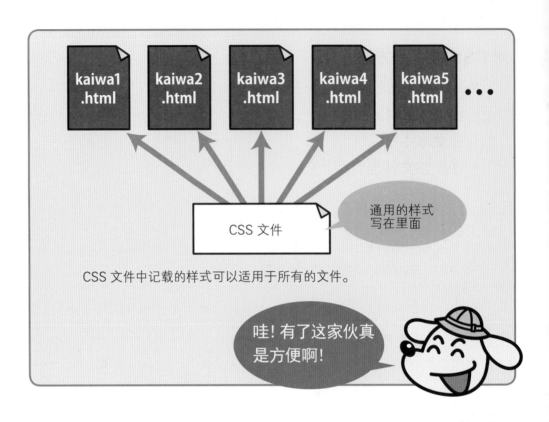

CSS 文件中记载的样式可以适用于所有的文件。

● JavaScript是什么

　　页面读取时，弹出消息呀、把显示出来的页面变换一下颜色或形状，这些靠 HTML 或 CSS 就无法办到了。也就是说，HTML 和 CSS 只能把页面表示出来。

　　JavaScript 具有让页面动起来的功效。例如，当点击一下按钮，蓝色的背景就能变成红色的，这样的动态效果就要靠 JavaScript 才能完成。

　　事实上，在网页里到处都有 JavaScript 的身影。将鼠标放在浏览器中的某个图标上时，图标的颜色会发生改变；单击选择按钮，就可以回答调查问卷和小测验；在文本框输入字符后，就会得到相应的回馈。这样的现象，相信你也曾经见过吧？这样的页面交互在网页上可谓数不胜数，它们大多都是由 JavaScript 来制作完成的。让页面能够动起来，成为动态的页面。

　　比如，下面的日历就是这样。

百度日历

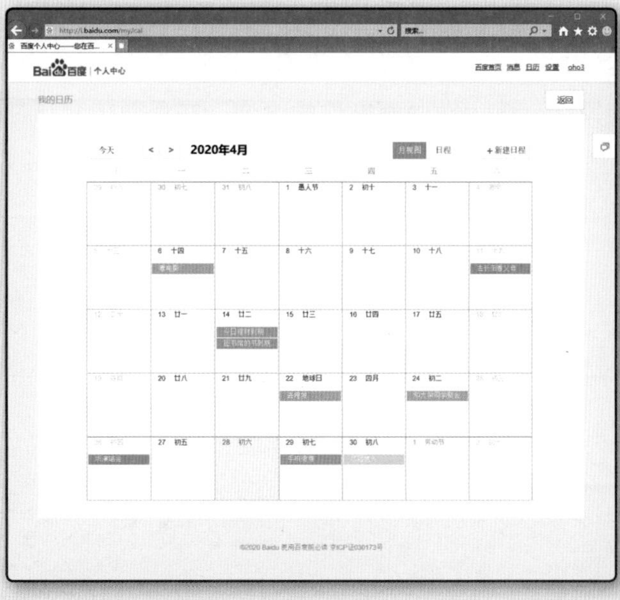

可以添加各种各样的计划和备忘等

在这里，你可以添加个人的日常安排。甚至可以分组共享个人计划并且添加内容。为了便于查看，也可以对不同的计划标注不同的颜色来进行分类。

● 让浏览器动起来的语言

在前一节说过，编程通常用人类能明白的语言编写，再翻译成机器语言并向计算机发出指令。能翻译成机器语言的软件包括编译器和解释器。

JavaScript 也是一种编程语言，因此必须将其翻译为机器语言，才能让计算机读懂。但它并不需要额外准备其他的软件。

对于 JavaScript，浏览器就充当了解释器的角色。计算机和智能手机里，浏览器都是自带的。也就是说，无需额外安装编译用的软件，就能进行编程。这是 JavaScript 的一大优点。在本书里，使用了 Internet Explorer，但无论是使用 Google Chrome、Edge 还是 Firefox，效果都是一样的。

　　另外，与 CSS 一样，JavaScript 一般也采用外部文件的方式进行编写。其理由和 CSS 相同，是为了避免把页面结构内容和用 JavaScript 编写的内容混淆。关于编写 JavaScript 外部文件的方法，在后面将会详细地说明。

所以在一个文件夹下, 你总能找到这三种文件。

●JavaScript的执行顺序

　　关于用 JavaScript 编写的程序（一般也称为源代码）的执行顺序，让我们也来了解一下。

　　JavaScript 是按照从上到下、从左到右的顺序读取并运行的。与阅读横版书籍的顺序是相同的。因此，改变了语句的书写位置，处理顺序也会相应地发生变化。

　　到现在为止，内容还和语句的书写顺序没有关系，但是随着编程的进一步深入，你一定会发出"啊！语句写在前面，所以提前被执行了呀"的惊呼。

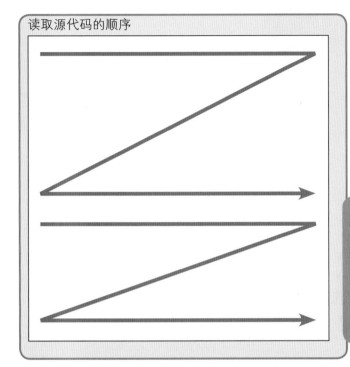

读取源代码的顺序

源代码的读取顺序
和横版书一样！
都是从左到右、
从上到下……

这个特性可是起着重要的作用哦。

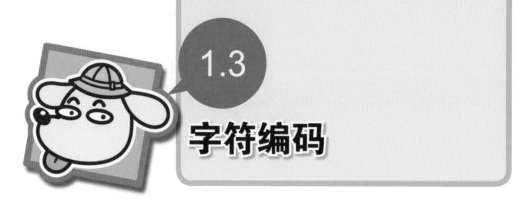

字符编码

　　出现无法解读的字符串会显示成"乱码"。出现这一现象的因素有很多，其中之一是自己想显示用的字符编码和对方看到时的字符编码是不一样的。怎样消除乱码呢？

● 乱码是怎么出现的

　　"我的网龄已经超过 10 年了！"

　　对于这种人来说，乱码曾经是"常有的事"，但现在这种现象越来越少了。

　　乱码是指原本应该正确书写的字符，却因为无法解读而变成了不可读的字符。在邮件和网页等有"发件人"和"收件人"的情况下经常发生。

乱码就是这样的东西。
因为 Chrome 不具有编码调整功能，所以使用 IE 来进行演示。

这可咋读啊！

就像最初讲解的那样，计算机只认识 0 和 1。在显示汉字的时候，也是用 0 和 1 的组合来实现的。

但是不可思议的事情发生了。像 01000111 这样的数字串，在某种字符编码体系中表示"赤"字，在另一种编码中表示"青"字，而在第三种编码中它代表着某个语意不详的字符。所谓乱码，就是在一种字符编码中写出的字符，却想在另一种不同的字符编码环境里进行显示的时候发生的。

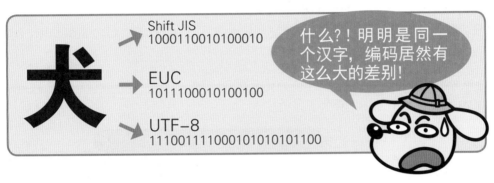

那么，把字符编码统一成一个不就行了吗？

的确如此。曾经有过这样的尝试，但是完全没有办法统一。因为如果要统一就会出现大量的不得不重新制作的页面。不能统一的主要理由就是这太难办到了。

现在，浏览器（即用于显示网页的应用程序）的性能提升，即使不指定字符编码也能识别并显示出来。例如，Chrome 浏览器就不具备将某个字符编码用另一个字符编码显示出来的构造（编码转换功能）。虽然以前曾经有过，但是去掉了。大概因为觉得没有必要吧。

●meta标签

如果你在比较新的操作系统里使用 Chrome、Firefox、Edge 和 Internet Explorer 等有名的浏览器，由于浏览器是最新的版本，所以基本上不会出现乱码。但是，也有些人不愿意更新成最新的版本，比如固执地使用 Windows XP 的人等。他们的浏览器由于不是最新版本的，出现乱码的可能性就非常高。

到现在，应该没人使用 Windows XP 了吧?

不不，Windows XP 还是有人在用呢，虽说微软很久之前就不再对它进行更新和维护了。

之所以会出现乱码，主要是由于对方自由地判断字符编码的原因。如果事先指定了网页的字符编码，即使是旧的浏览器或者不太知名的浏览器，也会减少出现乱码的概率。

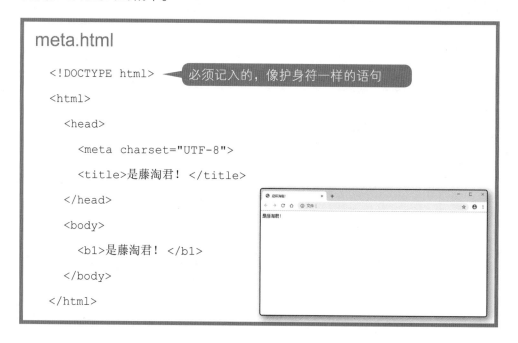

meta.html

```
<!DOCTYPE html>        必须记入的，像护身符一样的语句
<html>
  <head>
    <meta charset="UTF-8">
    <title>是藤淘君！</title>
  </head>
  <body>
    <b1>是藤淘君！</b1>
  </body>
</html>
```

meta.html 的 meta 标签中指定了 UTF-8 字符编码。这样一来，该网页在任何环境中都会以 UTF-8 字符编码打开。使用 meta 标签，会大大降低出现乱码的概率。

本书后面的范例中会省略 meta 标签的设定。但在实际操作中，请一定要像上述范例 meta.html 那样，用 meta 标签对字符编码进行设定。顺便提一下，这里使用的 UTF-8 被称作是最常使用的字符编码。

1.4 上传到服务器吧

在本书中介绍了 JavaScript 的写法，甚至还想介绍简单的游戏制作。但是，仅仅制作游戏，并不能让大家开心地在各种各样的环境中执行。

● 无法访问的页面

这本书介绍了使用 JavaScript 的各种技巧。按照这本书学习下去，你会在最后制作一个打鼹鼠的游戏。打中鼹鼠它就会消失，得到的分数也能显示出来，是一个相当正式的游戏。

但是这个游戏却无法分享给你的朋友一起玩。为什么呢？因为只有你的计算机上才保存有这个游戏的程序。虽然会显示出网址 URL，但是你朋友的计算机里输入了那个网址 URL，大概也只会出现这样的页面吧。

怎么会这样？！完全找不见啊！

用百度等搜索引擎进行再多的搜索，也不可能找到你的网页。你制作出的页面必须转换成真正意义上的网页。

● 客户端和服务器

网页的集合 WWW（World Wide Web，万维网）是一个叫作客户端 / 服务器模型的系统。所谓客户端，就是我们用户使用的计算机和智能手机等，在提供了网络服务的情况下可以用来浏览网页的机器。

例如，想使用百度搜索系统时，我们需要登录搜索网站 https://www.baidu.com，这个时候发生的机制做成图，就是这样的。

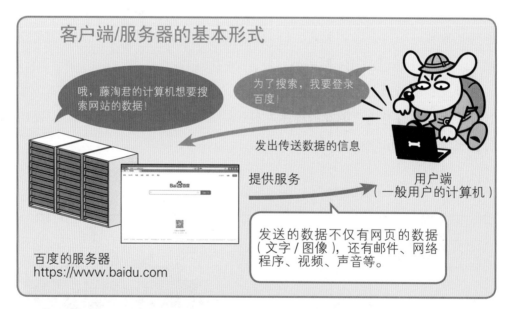

客户端/服务器的基本形式

哦，藤淘君的计算机想要搜索网站的数据！

为了搜索，我要登录百度！

发出传送数据的信息

提供服务

用户端（一般用户的计算机）

发送的数据不仅有网页的数据（文字 / 图像），还有邮件、网络程序、视频、声音等。

百度的服务器 https://www.baidu.com

给我页面的数据！从提出这样的要求到页面显示出来都感觉不到花费了时间。但确实每次都要经过这些步骤才能显示出结果。

因此，要想让大家都能玩到你制作的游戏，就必须将你的游戏上传到与百度搜索系统类似的地方（服务器）。通常会租借服务器，然后使用 FTP 客户端软件（简称 FTP 软件）上传上去。由日本人开发的 FFFTP 等就是很受欢迎的 FTP 客户端软件。

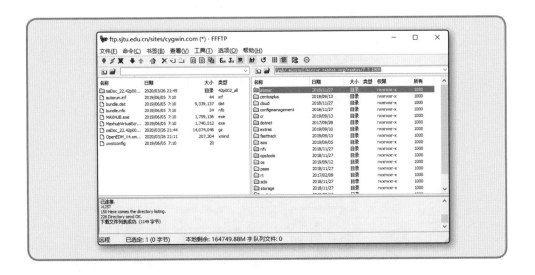

接下来，终于要开始 JavaScript 的编程喽！

试着开始编程吧

"条件分支"是什么

　　在这一章中要讲解的与其说是 JavaScript 的特性，不如说是大多数编程语言的基础——一个被称为"变量"的东西。变量中并不只是存储数字，也能存储物品名称等不是数字的内容。

　　条件分支也很重要。比方说：我们一般会想"下雨了就去做"。具体来说，就是针对"下雨的时候"和"不下雨的时候"的各种情况来做计划，这被称为条件分支，是编程中非常普遍的考虑方法。在这里，让我们来看一下"编程的基础"吧。

藤淘君的第二天：
像山中的回声似的

JavaScript能保存用户的输入信息。

JavaScript

使用Confirm，用户就可以像这样输入了。

Confirm

此网页显示
请输入你的姓名

藤淘

确定　取消

哦哦！

输入内容后，JavaScript就会这样反馈回来。

此网页显示
你好！藤淘小朋友。

Confirm

我，我不用电脑就能做到啊！

拜

我是藤淘！

我是藤淘！

那是回声！

自己说的话被反弹了回来而已啊！

2.1 试着编写JavaScript

JavaScript 和 HTML 等不同，它是一种能够表达"动作"的编程语言。首先试着从非常简单的小程序开始编写吧。这可是你制作的第一个程序哦!

● JavaScript的特征

JavaScript 与 HTML 和 CSS 不同，它是一种真正能够编程的编程语言。在 HTML 和 CSS 里是没有"动作"的。如果指定为蓝色，那么无论什么地点、什么时间,颜色都是"蓝色";如果指定为正方形,那么无论什么地点、什么时间，形状都是"正方形"。我们不可能将蓝色变成黄色，或将正方形变成圆形。

JavaScript 可以让已经显示出来的 HTML 和 CSS "动"起来，发生变化。你不仅可以把蓝色变成绿色或黄色，还可以制作出图像旋转的、小汽车跑起来的动画。因为是编程语言，所以非常擅长各种复杂的计算。

一旦熟练掌握了 JavaScript，不仅在"浏览器中"，在被称为服务器的计算机中运行的程序也能被轻松搞定。这里讲的是最基础的知识。本章的目的是让大家知道什么是"编程"，是怎么做出来的。

● 你好,世界

为了了解 JavaScript 是什么，我们首先试着写写。很简单哦!

HelloWorld.html 的源代码

```html
<html>
  <head>
    <title>hello</title>
  </head>
  <body>
    <script>
    alert("hello,world");
    </script>
  </body>
</html>
```

此网页显示
hello, world

确定

保存为名为 HelloWorld.html 的文件，然后双击 HelloWorld.html 的文件图标，试着打开页面。这里表现出来的就是"页面打开的同时弹出提示框"的动作。

"hello,world"直接翻译成"你好，世界"。

在计算机还很少见的时候，C 语言的开发者 Brian W. Kernighan 和 Dennis M. Ritchie 合著了《C 编程语言》，它被认为是程序设计的经典著作。在那本书的开头，程序"hello,world"被介绍为"用 C 语言制作的最简单的程序"。

此后，很多编程语言的说明书都是从介绍程序"hello,world"开始的。咱们这本书也是通过故事学会了"第一个程序"。

这可是你写出的第一个程序哦！

●Script标签

JavaScript 程序是指写在标签 <script> ~ </script> 之间的语句。在这个例子中，只有一行内容。

```
alert("hello, world");
```

alert 是传递信息的意思。这里是显示字符串 "hello,world" 的指令。以后没有特殊说明，本书只会记述标签 <script> ~ </script> 之间的源代码。

只给看 Script 标签之间的源代码哦！

也就是说只看 JavaScript 程序。

重要的是：句末都是分号（；）。在 JavaScript 中，分号（；）表示句子结束，这点必须要记住哦！

●alert的小伙伴们

alert 被称为 "警示提示框"。

所谓提示框，来自于表示对话意思的英语单词 dialogue。我们一般将人与计算机进行交互对话的窗口称为对话窗口（dialog box），像这种显示信息的窗口统称为提示框。

人机交互！

人机交互很重要的哦。

下面介绍 alert 的小伙伴：prompt 和 confirm。

首先是 prompt，这是文本输入对话框。prompt 是指计算机处于等待输入的状态，和提示信息一起显示，接受输入的对话框。

其次是 confirm，这是确认对话框。confirm 是确认的意思。会显示有"确定"按钮和"取消"按钮的对话框。

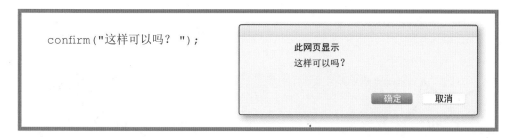

alert 只是单方向显示信息，而 prompt 和 confirm 却能够接受输入。

像这样，向计算机输入称为 input，输出称为 output。输入和输出合起来称为输入输出。

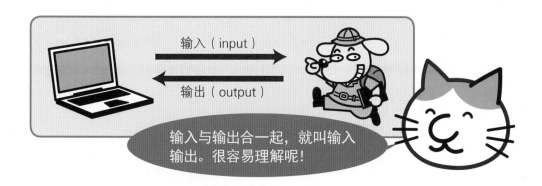

2.2 使用变量

从用户那里接收到的输入，可以用变量来保存。变量是用"var"来声明的。变量中保存的不仅仅只是数字。

● 什么是变量？

利用 confirm 和 prompt 接收到的输入内容，可以使用"var"语句先保存起来，到程序后面再拿出来使用。输入的内容可以暂且保存起来的场所就称为"变量"。

var 是 variable 的简称。"变量"并不是"奇怪的数量"，而是"变化的数量"的意思（译者注：日语中"变"字有"古怪"的意思，也有"变化"的意思）。

这个"变"字，可不是形容你古怪的那个意思哦～

……

在数学中会出现 y=5x 的公式。在这种情况下，y 和 x 都可以自由地变化。这些符号在数学中被称作变量。在学校学的是算术，不知道数学的人，应该也知道这种东西是存在的吧。

在编程时也会使用变量。就像 y 和 x 可以自由地设成数字一样，变量也能自由地设值。数学里只能是数字，但编程时也能设成字符串。使用了变量，就不用把同样的内容书写很多遍了。

● 变量的声明

变量要像这样"声明"后才能使用。

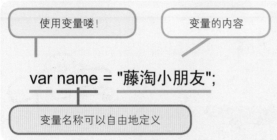

所谓"声明"就是"要使用变量喽！"的意思。写好 var 后，紧接着写变量名称。在这里，跟着的"name"就是变量名称。

name 代表什么呢？代表"藤淘小朋友"这个字符串（String），也就是保存了"藤淘小朋友"这几个字符。程序下面就没有必要再写字符串"藤淘小朋友"，只需要写"name"就可以表示相同的内容了。

name 是自己定义的变量名称。变量名称基本上是可以使用任何词语的。但是也有些不能使用的词语，我们称之为"保留字"。关于这个稍后会做详细的说明。

变量名称可以是保留字以外的任何词语。因此，aho、baka 还是hensuuwairodesu 这些词语都可以,用数学中的 x 和 y 也完全没有问题。但是，我们极力推荐那些一看就明白意思的名称。因为即使在出现大量变量的情况下（长程序里会有很多变量），程序也会比较容易理解。

变量的例子

```
var aho = "白痴";
var baka = "混蛋";
var hensuuwairodesu = "红";
var x = 100;
var y = 30;
```

变量名称用什么词语都可以哦!

"保留字"以外的词语,什么都行!

不可用于变量名称的保留字有以下几种:

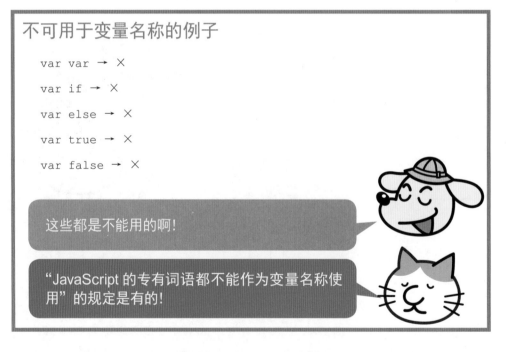

不可用于变量名称的例子

```
var var  →  ✕
var if  →  ✕
var else  →  ✕
var true  →  ✕
var false  →  ✕
```

这些都是不能用的啊!

"JavaScript 的专有词语都不能作为变量名称使用"的规定是有的!

var、if、else、true、false 等在 JavaScript 中会被使用的词语称为"保留字"。基本上,JavaScript 保留字都不能作为变量名称使用。

● 制作"输入姓名"的程序

让我们使用 prompt 和 confirm 来编写一个输入姓名的程序。请按照下面的范例，创建一个新文件"jikoshokai.html"，在其中写入源程序并保存。

双击"jikoshokai.html"文件图标，会在浏览器上顺序地显示对话框，最后会显示"你好！○○小朋友"，其中○○就是你输入的名字哦。

jikoshokai.html 的源代码

```
<script>
    var name = prompt("你的名字是什么？");
    confirm(name + "，这样称呼你可以吗？");
    alert("你好！" + name + "小朋友");
</script>
```

程序执行起来就是这样的。

① 提出问题"你的名字是什么？"

此网页显示
你的名字是什么？
藤淘
确定　取消

被问到就回答自己的名字哦！

② 进行确认"○○，这样称呼你可以吗？"

此网页显示
藤淘，这样称呼你可以吗？
确定　取消

对输入的名字进行确认。

还有一点：如果选中了图中"不再弹出对话框"前面的方块，就不会再显示对话框和信息了（换句话说就是程序运行不出来了）。

这个例子中，在执行 prompt(" 你的名字是什么？ "); 语句而显示出的对话框里输入的名字，先是被保存在 name 这个容器里，又在程序后面被显示出来。

像这样，能装东西的容器就叫变量，往变量里放入内容的过程就叫赋值。

顺便说一下，像 prompt 中输入的名字一样，在执行某指令时，返回的值称为返回值。

通过接收返回值，就可以得到程序的执行结果和计算结果。

2.3 如果……

"如果……"这种表达,不仅存在于程序中,在生活中也常常被使用。比如我们经常说"如果下雨,就○○吧!"JavaScript 中用 if 语句来表达。

● 如果绿灯亮

在程序中经常使用"如果……"这种表达。我在这里说明一下。

实际上,我们也有和程序一样的行动,比如红绿灯。如果是绿灯亮,就要"前进";如果是红灯亮,就要"停止"。"如果……"就可以认为是用程序来表现人类的行动。

红灯停,绿灯行。
这没什么大惊小怪的吧?

在编程中,"如果……"要用 if 语句来表达。

比如"如果下雨,就在家里玩游戏"要这样表达:

```
if (下雨) {
    在家里玩游戏
}
```

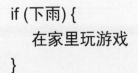

如果下雨就玩游戏啦

就算晴天你也会打游戏的!

换句话来表述这种逻辑。

```
if (条件) {
处理 1
}
```

如果满足 if 后面的 (条件)，就执行 { 处理 1} 中的命令。

● true 与 false

prompt 语句返回的值是针对问题的回答，也就是输入的内容。

confirm 语句返回的值是 true 和 false。true 是"真"的意思。false 是"假"的意思。换句话说，true 表示"正确"、false 表示"不正确"。

例如，用下面的程序来提问。

otokonoko.html

```
var kakunin = confirm("藤淘君是男孩吗？ ");
```

双击"otokonoko.html"的文件图标,在弹出的对话框里单击"确定"按钮，变量 kakunin 里就赋值了 true。反之，如果单击"取消"按钮，则会被赋值成 false。

● 是相同? 还是不同?

用 if 语句表示"如果……"的条件。

confirm 会返回一个 true 或者 false 的值。利用这个返回值，就可以在单击"确定"按钮时显示"回答正确!"。我们试着制作这样的程序。

otokonoko.html

```
var kakunin = confirm("藤淘君是男孩吗？");
if (kakunin == true) {
    alert("回答正确！")
}
```

这是个询问"是不是男孩"的程序

这里使用了符号"=="，它表示"左边和右边相同"。如果表示左右不相同就写成"!="。

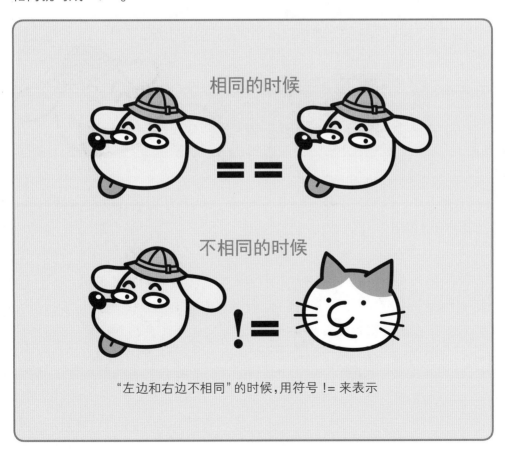

相同的时候

不相同的时候

"左边和右边不相同"的时候，用符号 != 来表示

● **如果……，就做……！**

让我们使用 prompt 和 confirm 来制作一个简单的程序吧。实现如下所示的功能。

①首先，询问对方的名字。

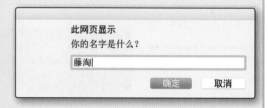

此网页显示
你的名字是什么？
藤淘|
确定　取消

②确认输入的内容是否正确。范例中是"藤淘"。

③单击"确定"按钮，就会输出"你好！○○小朋友"。

单击"确定"按钮，就会跟你打招呼呢！

源代码是这样的：

shokai.html

```
<script>
  var name = prompt("你的名字是什么？ ");
  var kakunin = confirm(name + "，这样称呼你可以吗？ ");
  if (kakunin == true) {
    alert("你好！ " + name + "小朋友");
  }
</script>
```

● 如果不是……

这个范例中,单击"确定"按钮后从 confirm 就返回 true,因此将显示"你好! ○○小朋友"。

但是,如果单击的是"取消"按钮呢? 什么反应都没有。这是当然了,因为源代码里什么都没有写! 如果想要单击"取消"按钮后,程序显示其他信息,就需要用到 else 语句了。

else 是"否则"的意思。和 if 语句一起,能表示条件"如果不是……"。在刚才的程序 shokai.html 中,试试添加单击"取消"按钮后的动作吧。程序流程如下:

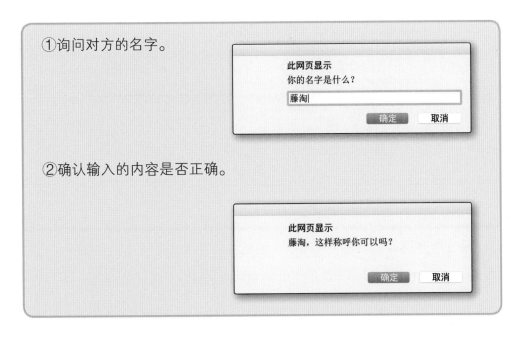

①询问对方的名字。

> 此网页显示
> 你的名字是什么?
>
> 藤淘
>
> 确定　　取消

②确认输入的内容是否正确。

> 此网页显示
> 藤淘,这样称呼你可以吗?
>
> 确定　　取消

程序执行到这里都是一样的。但单击"取消"按钮后,要发送和以前不同的信息。

③单击"确定"按钮，就会输出"你好！〇〇小朋友"；
单击其他按钮，就会输出"你不是〇〇小朋友呀"。

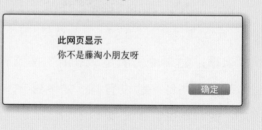

源代码是这样的：

shokai2.html

```
<script>
    var name = prompt("你的名字是什么？");
    var kakunin = confirm(name + "，这样称呼你可以吗？");
    if (kakunin == true) {
      alert("你好！" + name + "小朋友");
    } else {
      alert("你不是" + name + "小朋友呀");
    }
</script>
```

在这个范例中，单击了"确定"按钮，还是单击了"取消"按钮，可以通过从 confirm 语句的返回值是不是 true 来判断。

```
if (条件) {
 处理 1
} else {
 处理 2
}
```

如果不满足 if 后面的（条件），则 { 处理 1} 不会被执行，而是会执行 else 之后所写的 { 处理 2}。

这就叫作条件分支。简而言之，根据用户的输入（在上例中，是选择了"确认"和"取消"中的哪一个按钮），来改变程序的处理内容。

这样，就可以制作出能按照"如果……""如果不……"的条件来执行的程序了。

例如，打开了 A 门，就能得到宝物！否则（打开 B 门），妖怪就出来了！这样的程序结构就很容易做到了。

obake.html

```
if（打开A门）{
    得到宝物!
} else {
    妖怪出来了!
}
```

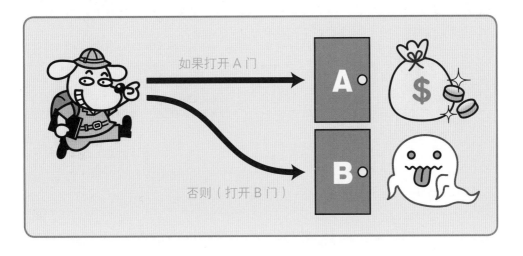

2.4 制作小测验题吧

使用 if 语句就可以做出条件分支。但是，条件越多程序就越复杂。程序越复杂，出错的概率就越高。怎么才能简单化呢？

● 熊猫竞猜

运用已经学到的知识来制作小测验题吧。

①询问"你的名字是什么？"

此网页显示
你的名字是什么？

藤淘|

确定　　取消

②紧接着问"你知道熊猫尾巴是什么颜色的吗？"

此网页显示
你知道熊猫尾巴是什么颜色的吗？

|

确定　　取消

③（A）回答是"白"，则显示"回答正确！"

此网页显示
回答正确！

确定

④（B）回答不是"白",则显示"〇〇小朋友,很遗憾你答错了。是白的。"

此网页显示
藤淘小朋友,很遗憾你答错了。是白的。

确定

如果不输入"白"字,可就算错哦。

啊! 输入"白色""White"全都算错误
答案啊······

---

quiz.html

```
<script>
  var name = prompt(" 你的名字是什么? ");
  var sippo = prompt(" 你知道熊猫尾巴是什么颜色的吗? ");
  if (sippo == " 白 ") {
    alert(" 回答正确! ");
  } else {
    alert(name + " 小朋友,很遗憾你答错了。是白的。");
  }
</script>
```

● 多重问题的测验题

　　熊猫问题之后，我们继续进行问答。基本上，和熊猫问题一样。回答正确时显示"回答正确！"，回答不正确时显示"〇〇小朋友，很遗憾你答错了。是●●。"。

```
quiz2.html
<script>
  var name = prompt("你的名字是什么？");
  var sippo = prompt("你知道熊猫尾巴是什么颜色的吗？");
  if (sippo == "白") {
    alert("回答正确！");
  } else {
    alert(name + "小朋友，很遗憾你答错了。是白的。");
  }
  var kuni = prompt("世界上国土面积最大的国家是哪个国家呀？");
  if (kuni == "俄罗斯") {
    alert("回答正确！");
  } else {
    alert(name + "小朋友，很遗憾你答错了。是俄罗斯。");
  }
  var keisan = prompt("最后一个问题。7 * 8 = ？");
  if (keisan == "56") {
    alert("回答正确！");
  } else {
    alert(name + "小朋友，很遗憾你答错了。是56。");
  }
  if (sippo == "白") {
    if (kuni == "俄罗斯") {
```

```
    if (keisan == "56") {
        alert("恭喜! 全部回答正确! " + name + " 小朋友, 你太厉害了。");
    }
  }
 }
</script>
```

小测验题的处理流程如下:

①询问"你的名字是什么?"
②紧接着问:"你知道熊猫尾巴是什么颜色的吗?"
③回答是"白",则返回"回答正确!"
　回答不是"白",则返回"○○小朋友,很遗憾你答错了。是白的。"

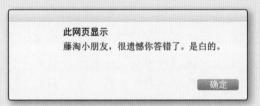

④紧接着问"世界上国土面积最大的国家是哪个国家呀?"
⑤回答是"俄罗斯",则返回"回答正确!"
　回答不是"俄罗斯",则返回"○○小朋友,很遗憾你答错了。是俄罗斯。"

此网页显示
藤淘小朋友,很遗憾你答错了。是俄罗斯。

确定

⑥最后问"最后一个问题。7 * 8 = ?"
⑦回答是"56",则返回"回答正确!"
　回答不是"56",则返回"○○小朋友,很遗憾你答错了。是 56。"
⑧如果所有回答都正确,就会显示"恭喜! 全部回答正确! ○○小朋友,你太厉害了。"

● 全部答对的时候

问题一个接一个提出，全部回答正确就真是太厉害了。程序的最后加入夸奖的内容。它的处理形式如下：

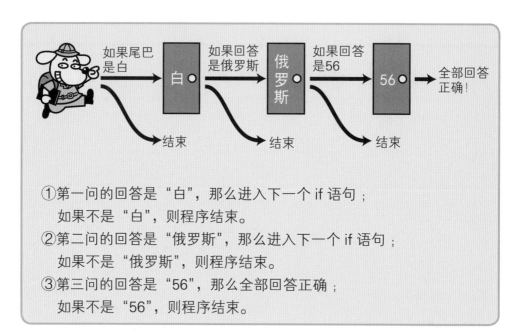

① 第一问的回答是"白"，那么进入下一个 if 语句；
　 如果不是"白"，则程序结束。

② 第二问的回答是"俄罗斯"，那么进入下一个 if 语句；
　 如果不是"俄罗斯"，则程序结束。

③ 第三问的回答是"56"，那么全部回答正确；
　 如果不是"56"，则程序结束。

编写出的程序是这样的：

```
quiz2.html
  if (sippo == "白") {
   if (kuni == "俄罗斯") {
    if (keisan == "56") {
     alert("恭喜！全部回答正确！" + name + "小朋友，你太厉害了。");
     }
    }
   }
```

这种将 if 语句重复多次的写法叫作嵌套。在英语中叫作 nest，这不是一种好的写法。因为这里只有 3 个问题，写成这样也就算了。但是，如果问题变成 10 个，光 if 语句就要嵌套 10 层，程序里全都是 if 语句了。这样的程序很容易出错，而且出现错误后很难查找原因。

没有更简单一些的写法吗？

● 用AND排列

事实上，可以编写成下面这样。

quiz2.html

```
if (sippo == "白" && kuni == "俄罗斯" && keisan == "56") {
  alert("恭喜! 全部回答正确! " + name + " 小朋友，你太厉害了。");
}
```

执行结果是一样的，但是程序就简洁多了。用这种方法，就算有 10 个问题也不会显得那么复杂了。

这里出现了逻辑运算符"&&"（AND）。if 语句的条件判断，除了"=="和"!="，还有"&&"和"||"这样的逻辑运算符。

"A && B"就是"A 并且 B"的意思，简单易懂地说明一下。

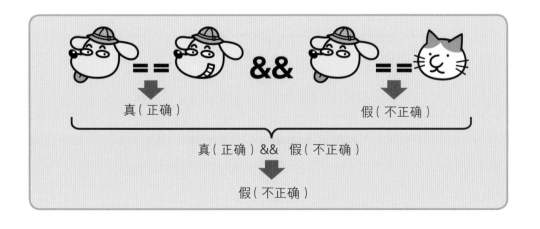

这种情况下，"&&"的右边表示的"藤淘君"和"包子酱"是不一样的。因此判定结果是"不正确"。"&&"的逻辑就是如果其中有一个是"不正确"的，就判定为"不正确"。

用表格的方式列举出来，如下所示。

A	符号	B	答案
正确	&&	正确	正确
正确	&&	不正确	不正确
不正确	&&	正确	不正确
不正确	&&	不正确	不正确

● AND和OR

和"&&"（AND）一起介绍的还有"||"（OR）。"A || B"就是"A 或者 B"的意思。

使用 AND 时，为了让答案是"正确"就必须两边都是"正确"。但是使用"||"时，只要有一边是"正确"，答案就是"正确"。

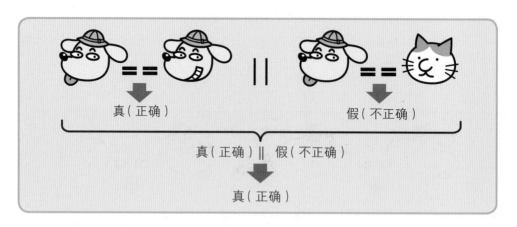

这时，"藤淘君 == 藤淘君 || 藤淘君 == 包子酱"判断式子里只有左边是正确的。也就是说，得到了"正确 || 不正确"这个判断条件。它意味着"正确 或者 不正确"，所以答案就是"正确"。

用表格的方式列举出来，如下所示。

A	符号	B	答案
正确	||	正确	正确
正确	||	不正确	正确
不正确	||	正确	正确
不正确	||	不正确	不正确

用程序就可以确认。

---

or.html

```
<script>
  if ("藤淘君" == "藤淘君" || "藤淘君" == "包子酱") {
    alert("正确");
    // if 语句的条件如果成立，则显示"正确"
  } else {
    alert("不正确");
    // if 语句的条件如果不成立，则显示"不正确"
  }
</script>
```

这里用了逻辑运算符"||",所以只要有一边是"正确",就可以显示"正确"。

此时运行结果如下图：

试着开始编程吧

另外，程序里用"//"开头的行称为"注释行"，它可以帮助理解程序，让别人看了程序也能够明白。写在"//"后面的解释说明，计算机是不会去执行的。

顺便说一下，"&&"中的"&"是一个英语符号，它可以单独书写使用。不过那时是具有其他作用的符号。"||"中的"|"也一样，单独一个字符使用时，也有另外的含义（叫作垂直线或者纵线）。因此，在 if 语句的条件中使用时，一定要用"&&"或"||"这样连续两个英语符号的逻辑运算符。千万别写错了哦！

专栏

= 和 ==

在算术和数学中，等号（=）是相等或等价的意思。

不过在 JavaScript 和许多编程语言中，"="就是给变量赋值的意思。而"=="是相等的意思。在最初学编程时，很容易混淆这两个符号，但请记住赋值时用符号"="，比较时用符号"=="。

顺便说一下，在另一些编程语言中，"="就表示它在数学中的等价的意思。

2.5 开始计算喽

如果计算问题的答案能简单地迅速得到，编写程序就会比较简单。计算问题之所以麻烦，是因为必须自己先计算出答案。让计算机自己去计算吧！

● 计算机就是用来计算的机器

在前一节的小测验程序中，第3题是"7×8=？"的计算问题。其实也可以考虑出其他的计算题目。但是，如果用和前一题相同的处理方式来做，就一定需要自己先算出答案。这是非常麻烦的。

一点都不麻烦！多复杂的问题，都让我来做！

这，你可做不到啊。

计算机最初就是为了计算而发明出来的，因此非常擅长计算。干脆让计算机自己来计算吧。那样，任何复杂的问题都能编出程序来。

● 加法和减法

JavaScript 当然可以进行加法和减法。

```
<script>
  alert(1 + 2);
</script>
```

答案被计算出来。

减法自然也不在话下。

```
<script>
  alert(2 - 1);
</script>
```

就这个？不用计算机，我心算就能算出来！

但是，数字变得很大的时候，就不能通过心算了吧。

```
<script>
  alert(9876583581 + 1098403980);
</script>
```

当然，如果是计算机，瞬间就能计算出来。

此网页显示
10974987561

确定

像这种问题,计算机可以在一秒钟内计算几百次或几千次。说到计算能力,
人类是远远比不上计算机的。

● 乘法和除法

接下来是乘法和除法。在 JavaScript 中,乘法和除法的运算符号不是"×"
和"÷",而是写作"*"和"/"。"*"是我们常说的"星号",在这里表示"乘"。
"/"在这里表示"除"。

keisan1.html

```
<script>
  alert(7 * 8);
</script>
```

此网页显示
56

确定

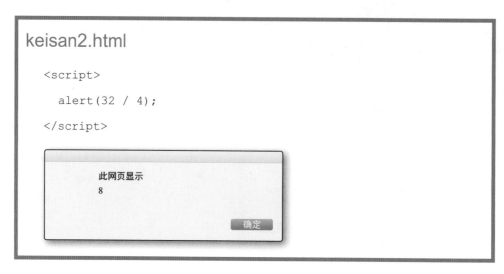

keisan2.html

```
<script>
  alert(32 / 4);
</script>
```

此网页显示
8
确定

当然，不可能心算的超大数字乘除，对计算机而言也是轻而易举的。

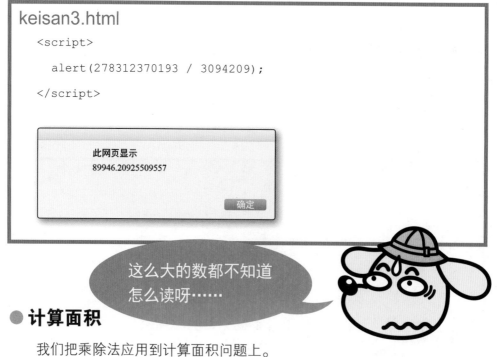

keisan3.html

```
<script>
  alert(278312370193 / 3094209);
</script>
```

此网页显示
89946.20925509557
确定

这么大的数都不知道
怎么读呀……

● 计算面积

我们把乘除法应用到计算面积问题上。

一个长 4 厘米，宽 3 厘米的长方形的面积是多少？这是个用心算就能完成的简单问题，尝试着用程序来计算吧！

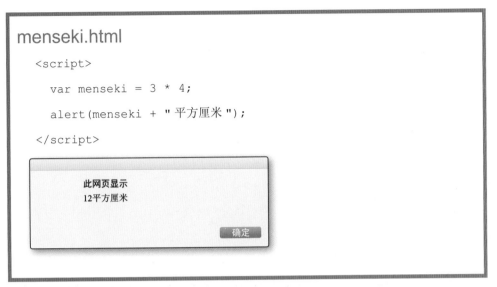

menseki.html

```
<script>
  var menseki = 3 * 4;
  alert(menseki + "平方厘米");
</script>
```

此网页显示
12平方厘米

确定

但是程序这么写，只有编程者自己才明白吧。

就像以前在小测验程序中判断正确答案那样，试着使用 if 语句来进行判定吧。首先询问问题。

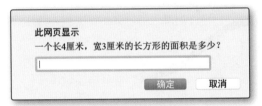

此网页显示
一个长4厘米，宽3厘米的长方形的面积是多少？

确定　取消

回答正确的时候，就显示"回答正确！"。

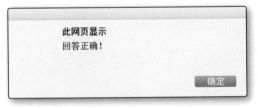

此网页显示
回答正确！

确定

回答不正确的时候，就给出正确答案。

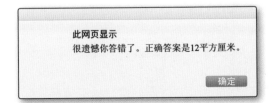

此网页显示
很遗憾你答错了。正确答案是12平方厘米。

确定

```
mensekimondai.html
<script>
    var menseki = prompt("一个长 4 厘米、宽 3 厘米的长方形的面积是多少？");
    var seikai = 3 * 4;
    if (menseki == seikai) {
        alert("回答正确！");
    } else {
        alert("很遗憾你答错了。正确答案是" + seikai + "平方厘米。");
    }
</script>
```

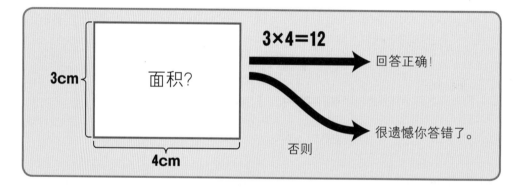

● 解决计算问题

那么，就按照这种方法来编写计算问题的程序吧！大体就是这样：

首先，提出一个问题。

回答正确的时候，就显示"回答正确。"

此网页显示
就是55。回答正确。

确定

回答不正确的时候，就给出正确答案。

此网页显示
很遗憾你答错了。正确答案是55。

确定

keisanmondai.html

```
<script>
  var keisan1 = prompt("3 + 52 = ? ");

  var seikai1 = 3 + 52;

  if (keisan1 == seikai1) {

    alert(" 就是 " + keisan1 + "。回答正确。");

  } else {

    alert(" 很遗憾你答错了。正确答案是 " + seikai1 + "。")

  }

  var keisan2 = prompt("596 - 493 = ? ");

  var seikai2 = 596 - 493;

  if (keisan2 == seikai2) {

    alert(" 就是 " + keisan2 + "。回答正确。");

  } else {

    alert(" 很遗憾你答错了。正确答案是 " + seikai2 + "。");

  }

  var keisan3 = prompt("123 × 4 = ? ");

  var seikai3 = 123 * 4;
```

试着开始编程吧

61

```
    if (keisan3 == seikai3) {
        alert(" 就是 " + keisan3 + "。回答正确。");
    } else {
        alert(" 很遗憾你答错了。正确答案是 " + seikai3 + "。");
    }
    var keisan4 = prompt("121 ÷ 11 = ? ");
    var seikai4 = 121 / 11;
    if (keisan4 == seikai4) {
        alert(" 就是 " + keisan4 + "。回答正确。");
    } else {
        alert(" 很遗憾你答错了。正确答案是 " + seikai4 + "。");
    }
    var keisan5 = prompt("10 秒钟跑了 100 米，他的时速是多少千米 / 小时？ ");
    var seikai5 = 100 / 10 * 60 * 60 / 1000;
    // 秒速 ×60×60 = 时速、1000 米 = 1 千米
    if (keisan5 == seikai5) {
        alert(" 就是 " + keisan5 + "。回答正确。");
    } else {
        alert(" 很遗憾你答错了。正确答案是时速 " + seikai5 + " 千米 / 小时。");
    }
</script>
```

虽然题目一开始很简单，但是越来越难。最后一道题可是相当难哦！

这怎么回答得出来啊！

编写程序要简单得多啊！

★来挑战!

试着编写一个程序，能夸奖所有问题都答对的人。提示在前面有哦。

只要添加出逻辑就可以啦!

第3章

一遍遍地循环

使用for或while来循环

在我们的日常生活中循环很常见。"每天早上吃早饭""每天去学校"这些都是一种循环。计算机非常擅长做循环。在本章里介绍的就是"在前面的数字上加1"这样的重复计算。如果不指定结束条件，计算机将会一年、十年地永远加算下去。

当然，"在前面的数字上加1"是需要终止条件的。比如"数字加到100就结束""计算一天就结束"等。而且像是"在做计算期间就不能执行'在前面的数字上加1'的处理"等条件，也可以结束这个计算。实际上，能够巧妙地使用循环是熟练地编程的一个捷径。

让我们了解一下吧！

藤淘君的第三天：

循环是怎么一回事？

一遍遍地循环

3.1 "循环"是什么

"循环"是程序中不可缺少的要素。有"循环"逻辑的可不仅仅是 JavaScript。在这里，试着用for语句来表现循环吧！

● "循环"是什么

在上一章我们学习了 if 语句的结构，学会了以"如果……"的形式来划分场景的方法。

现在，我们来学习"循环"。

大家都知道循环的意思：不断地多次重复做同样的事就是"循环"。

循环逻辑的表达，不仅在 JavaScript 里有，在几乎所有的编程语言中都存在。为什么只有这个逻辑是必须要有的呢？

重复！

为了让计算机工作，需要事先在"给予计算机的命令表"里写好让它执行什么，这就是程序。而编写程序的过程就称为编程。

假设你想让计算机做 100 份工作。那就必须在命令表（程序）里列出

一遍遍地循环

100 条命令吧?

呜! 麻烦死了啊!

计算机能够担当很多让人感觉很费事或者很花时间的工作。然而,100份工作就必须写 100 条命令,麻烦的程度并没有减少,反而可能会增加许多的工作量。

这种时候,就需要使用"循环"了。

使用了循环,计算机无论多少次都能做同样的事情,100 次也好,1000 次也好,10000 次也好,甚至无限次。重复做同样的事,人类肯定会犯错误,但计算机(只要程序正确)是不会出错的。

● 计算一下

让人做就经常出错,而计算机却不会干错的工作就是计算。首先复习一下以前学的知识,试着写个简单的计算程序吧。

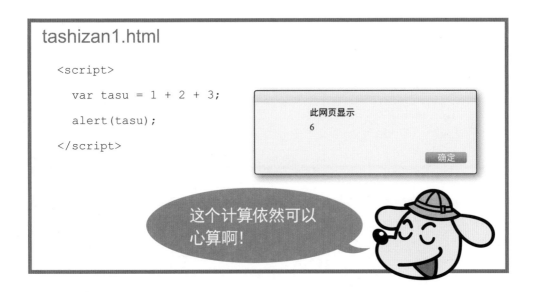

```
tashizan1.html

<script>
  var tasu = 1 + 2 + 3;
  alert(tasu);
</script>
```

此网页显示
6

确定

这个计算依然可以心算啊!

但是，数字多了就有点麻烦了。

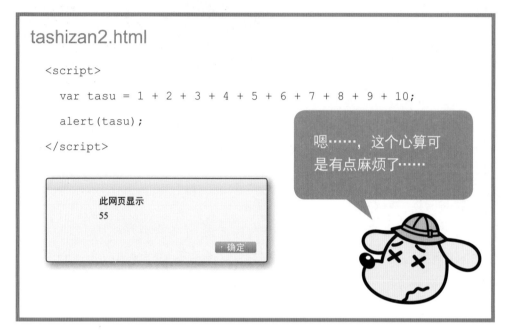

tashizan2.html

```
<script>
  var tasu = 1 + 2 + 3 + 4 + 5 + 6 + 7 + 8 + 9 + 10;
  alert(tasu);
</script>
```

此网页显示

55

确定

嗯……，这个心算可是有点麻烦了……

如果数字的个数再增加，编写程序的人就很辛苦了。例如上面的范例中是"将 1 到 10 的数字加起来"的计算。到这种程度，还是想写就能写出来的。但如果是"将 1 到 100 的数字加起来"呢……

tashizan3.html

```
<script>
  var tasu = 1 + 2 + 3 + 4 + 5 + 6 + 7 + 8 + 9 + 10 + 11 + 12 +
  13 + 14 + 15 + 16 + 17 + 18 + 19 + 20 + 21 + 22 + … ;
  alert(tasu);
</script>
```

写不出来了吧？写起来很辛苦呢。顺便说一下，上面的范例里并没有表现出汇总。事实上，JavaScript 中没有"22 + …"这种表达。即便这样写了，程序也无法知道它是"从 1 加到哪个数字"。因为并没有写出来究竟是"从 1

加到 100""从 1 加到 50",还是 "从 1 加到 1000"。

天呀! 这可
做不到啊!

专栏

在这里，为了在 alert 中显示计算的结果，我们使用了变量
tasu。

tashizan1.html

```
<script>
  var tasu = 1 + 2 + 3;
  alert(tasu);
</script>
```

但事实上，也可以在 alert 里直接进行计算。

tashizan-alert.html

```
<script>
  alert(1 + 2 + 3);
</script>
```

如果只是稍微计算一下，这种方式还是不费力的。

计算变得复杂后，使用变量会让程序
更简单易懂。

● 使用for来循环

刚才，我们写了下面的计算程序。

```
tashizan2.html

<script>
  var tasu = 1 + 2 + 3 + 4 + 5 + 6 + 7 + 8 + 9 + 10;
  alert(tasu);
</script>
```

把"1的下一个是2，2的下一个是3"的这种比左边的数字大1的数列的数字都加算起来。这种加算并不是无限制的，而是加到数字10为止。

这时，就可以像下面这样用表示循环的 for 语句编程了。

```
forbun1.html

<script>
  var tasu = 0;
  for (var i = 1; i <= 10; i = i + 1) {
   tasu = tasu + i;
  }
  alert(tasu);
</script>
```

分析一下这个程序中使用的 for 语句吧。

for 语句一般是这样的。

```
for ( 单次表达式 ; 条件表达式 ; 末尾循环体 ) {
  中间循环体
  }
```

在这里，首先声明一个变量 tasu，给它赋值 0。

var tasu = 0;

然后，将 for 后面的括号 () 中的表达式填写完整。

在"单次表达式"中指定了 i 这个变量，由于是从 1 加算到 10，所以将 i 的初始值赋值为 1：

单次表达式 var i = 1

接下来是"条件表达式"：

条件表达式 i <= 10

这是变量 i 在小于等于 10 的时候，进行"循环"处理的意思。

原来如此，不能写比 10 大的数字（例如 15）。不然条件就变了呢。

循环多少回就是在这里指定的。

在满足"条件表达式"里指定的条件下，程序进行循环处理，并且每循环一次，变量 i 就增加 1。

末尾循环体 i = i + 1

实际上，循环的中间循环体就只有 tasu = tasu + i。

中间循环体 tasu = tasu + i

答案应该是这样显示的。

● 仔细看看程序吧

这个程序在做什么呢？让我们来仔细分析一下吧！

变量 tasu 最初是 0，因为变量 i 最初是 1，0 + 1 就使得答案是 1。这就是第 1 回的计算结果。

第 1 回计算：tasu + i = 0 + 1 = 1

接着，i 里加上了 1 变成 2。tasu + i 就是 1 + 2 了。

第 2 回计算：tasu + i = 1 + 2 = 3

再接着，i 里再次加了 1 变成 3。tasu + i 就是 3 + 3 了。

第 3 回计算：tasu + i = 3 + 3 = 6

像这样，变量 tasu 和变量 i 的值都在不断地增加。

如图所示，就是这种逻辑。

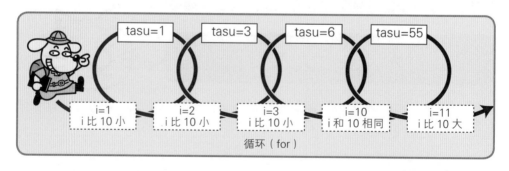

变量 i 的值变成 10 为止，循环一直继续，变量 tasu 就变成 55 了。

一遍遍地循环

● 用for语句从1加到100

接下来终于要从 1 加到 100 了，也就是刚刚所说的"计算起来有点费事"的那个。

```
forbun2.html

<script>
  var tasu = 0;
  for (var i = 1; i <= 100; i = i + 1) {
    tasu = tasu + i;
  }
  alert(tasu);
</script>
```

首先，在"单次表达式"中将变量 i 赋值为 1，在"条件表达式"中写入"变量 i 小于等于 100 的时候进行循环"。每循环一回，变量 i 就增加 1。这样循环了 100 回。当循环第 101 回时，变量 i 变为 101，for 语句就结束了。

用语言来描述 for 语句就会变成这样。

> for (首先将变量 i 赋值为 1; 在 i 小于等于 100 的范围内 ; 每回增加 1) {
>   变量 tasu 加上变量 i，再赋值到变量 tasu 里
> }

这个程序的输出结果如图所示。

一遍遍地循环

变量 tasu 和变量 i 的内容从第 1 回开始依次增加的情况做成了下表。

循环回数	tasu 的值	i 的值	tasu+i 的值
第 1 回	0	1	1
第 2 回	1	2	3
第 3 回	3	3	6
第 4 回	6	4	10
第 5 回	10	5	15
第 6 回	15	6	21
第 7 回	21	7	28
第 8 回	28	8	36
第 9 回	36	9	45
第 10 回	45	10	55
…	…	…	…
第 99 回	4851	99	4950
第 100 回	4950	100	5050

原来如此！只要符合"条件表达式"的条件，就会一直循环下去的！

★来挑战！

运用学过的知识和方法，应该可以写出把 1 到 1000000（100 万）之间的数字加算到一起的程序吧！写写试试哦。

哦！好厉害！一眨眼答案就出来了！

3.2

奇数加算、偶数加算

只须稍微调整一下，"循环"就能做出各种各样的应用。在这里介绍选择排列的数字来进行"循环"的方法。运用你的聪明才智的时候到了哦！

● 用for指令实现2到100的相加

在前一节中我们学习了使用 for 语句来实现"循环"。"循环"(for 语句)可以总结如下：

在前一节中，"单次表达式"为 var i = 1。那么，如果 var i = 2……

是从 2 开始计算吧？

---

forbun4.html

```
<script>
  var goukei = 0;
  for (var i = 2; i <= 100; i = i + 1) {
    goukei = goukei + i;
  }
  alert(goukei);
</script>
```

这里使用的变量叫 goukei。

除了"保留字"（JavaScript 的专用词语），叫什么都可以哦。

这个计算结果显示如下。

此网页显示
5049

确定

由于跳过了最初的 1，是从 2 开始加算，所以这比从 1 加到 100 的结果 (5050) 少了 1。

那么，如果从 5 开始……

该怎么写呢？试着练习一下吧！

● 从1到10的奇数加算

接下来，挑战一下稍微难一点儿的计算吧。

如果还是从 1 到 10 的数字，只是把其中的奇数（1、3、5、7、9）相加，要怎样做呢？

只需要对"末尾循环体"做些调整就好了！

i = i + 1 的意思是"将变量 i 每次增加 1"。"只有奇数"是指 1、3、5、7、9……这些数。也就是说，把每次增加的量变成 2 就好了。因此"末尾循环体"就变成 i = i + 2。

forbun5.html

```
<script>
  var goukei = 0;
  for (var i = 1; i <= 10; i = i + 2) {
    goukei = goukei + i;
  }
  alert(goukei);
</script>
```

这个计算结果显示如下。

此网页显示
25

确定

用这种方法，求 1000 以内的奇数加算，或者 10000 以内的偶数加算也都能做到啊！

来试试吧！数字再大也能马上计算出来！

一遍遍地循环

● 条件表达式

使用 for 语句从 1 到 10 进行加算，写了这样的程序。

forbun6.html

```
<script>
  var goukei = 0;
  for (var i = 1; i <= 10; i = i + 1) {
    goukei = goukei + i;
  }
  alert(goukei);
</script>
```

这种情况下"条件表达式"如下所示。

i <= 10

通过比较变量和数字的形式来表达"当变量 i 小于等于 10 的时候，程序进行循环"的意思。

把"条件表达式"中经常使用的比较运算符总结成表格的形式。

比较运算符	含义	例子	例子的含义
>	大于的时候	i>5	i 大于 5 的时候
<	小于的时候	i<5	i 小于 5 的时候
>=	大于等于的时候	i>=5	i 大于等于 5 的时候
<=	小于等于的时候	i<=5	i 小于等于 5 的时候
==	等于的时候	i==5	i 等于 5 的时候
!=	不等于的时候	i!=5	i 不等于 5 的时候
true	真	true	不停地循环
false	假	false	不做循环

3.3

试着使用++

在程序中经常会做"在前面的数字上加1,使数字变大"这样的操作。因此,用一个专有符号来表达这种递增。下面来看看使用方法吧!

● "逐一增加"的更为便捷的方法

在"循环"的程序中,使用公式 i = i + 1 将变量 i 逐一增加1。也就是说把变量 i 加1,然后把计算结果再放入变量 i 里。

这个"逐一增加"在程序中是非常常用的。

这里不再写为 i = i + 1,而是用 i++ 来表达。

这种表达不仅在 JavaScript 中,在大多数编程语言中都使用。这种表达方式称作"递增"。

递增的表达式:i++

"++"是两个加号,读作"加加"。

要读作"加加"哦。

另外,与"逐一增加"相反的是"逐一减少"。它被称为"递减"。

递减的表达式:i--

这有两个"-"呢!

应该读作"减减"哦!

那么，赶紧使用递增来编写一个会说 30 回"笨"的程序吧。

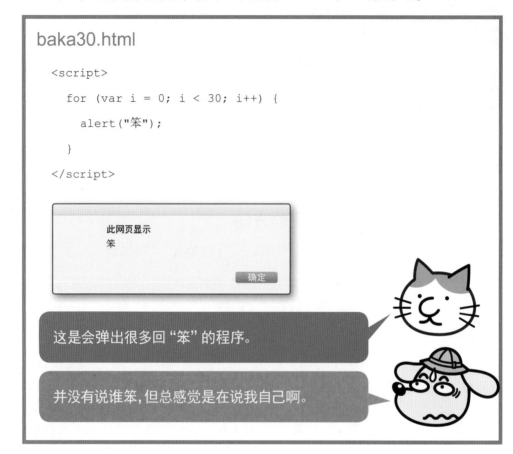

baka30.html

```
<script>

  for (var i = 0; i < 30; i++) {

    alert("笨");

  }

</script>
```

此网页显示
笨

确定

这是会弹出很多回"笨"的程序。

并没有说谁笨，但总感觉是在说我自己啊。

● 循环表示"笨"

接下来试着循环地弹出字符"笨"。让我们循环表示 10 回"笨"，重复 3 遍吧！

baka10x3.html

```
<script>
  for (var i = 0; i < 3; i++) {
    for (var j = 0; j < 10; j++) {
      alert("笨");
    }
  }
</script>
```

在这里，for 语句里面又出现了一个 for 语句。这叫作"循环嵌套"或"多重循环"。

● 试着连接10个字符"笨"

接下来试着将字符"笨"连接起来。首先声明变量 line，接着写下 for 语句。中间循环体为：

line = line + " 笨 ";

程序如下：

```
baka10line.html

<script>
  var line = "";
  for (var j = 0; j < 10; j++) {
    line = line + "笨";
  }
  alert(line);
</script>
```

变量 line 的初始值是空的，什么都没有。用 "" 来表达空字符串，表示什么内容都没有的意思。这就是"单次表达式"。

因为有计算式 line = line + " 笨 "，所以首先在空字符串后连接上字符"笨"，就变成字符串 "笨"。

接着，字符串"笨"的后面再连接上字符"笨"，就变成字符串"笨笨"。
再然后，字符串"笨笨"后面再连接上字符"笨"，就变成字符串"笨笨笨"。
按照这个逻辑，不断地在后面连接下去。

● 表示三行的字符"笨"

接下来，我们试着制作一个能这样显示的程序。

这个程序的一个要点是要加入换行符，换行符如下所示。

```
\n
```

程序里有循环嵌套，在 for 语句中再写一个 for 语句。

baka10linex3.html

```
<script>
  var line = "";
  for (var i = 0; i < 3; i++) {
    for (var j = 0; j < 10; j++) {
      line = line + "笨";
    }
    line = line + "\n";     ◁── 加入了换行符
  }
  alert(line);
</script>
```

● "笨"和"傻"交替表示

我们制作一个能显示下面结果的程序。

此网页显示
傻笨傻笨傻笨傻笨傻笨

确定

太气人啦！！

都说了不是在说你
藤淘君啊……

一遍遍地循环

程序如下所示。

---

ahobaka10line.html

```
<script>
  var line = "";
  for (var i = 0; i < 10; i++) {
    if (i % 2 == 1) {
      line = line + "笨";
    } else {
      line = line + "傻";
    }
  }
  alert(line);
</script>
```

这个程序的要点是：在表示循环的 for 语句中，加入了表示"如果不是……"的 if…else 语句。

想要交替做什么的时候，判断循环数是奇数还是偶数就可以。循环数是以 0(偶数)、1(奇数)、2(偶数)、3(奇数) 这样，偶数与奇数交替出现的。

判断数字是奇数还是偶数，就通过除以 2 看余数是 1 还是 0 来进行判断。

从 0 开始按顺序除以 2，看余数是 1 还是 0。通过除法求余数要使用运算符号 "%"。

var amari = 0 % 2;　← amari 赋值为 0
var amari = 1 % 2;　← amari 赋值为 1
var amari = 2 % 2;　← amari 赋值为 0
var amari = 3 % 2;　← amari 赋值为 1
⋮

⋮

var amari = 8 % 2;  amari 赋值为 0

var amari = 9 % 2; amari 赋值为 1

原来如此，amari 是 1 的时候就是奇数啊!

所以，下面的源代码（上面程序的一部分）的意思就是"如果是奇数就显示'笨'，如果是偶数就显示'傻'"。

```
if (i % 2 == 1) {
  line = line + "笨";
} else {
  line = line + "傻";
}
```

接着教你其他的循环喽。

一遍遍地循环

3.4

使用while来循环

在JavaScript中，除了for语句，表示循环的还有while语句。但是两者的使用方法和使用场景都各不相同。如何正确地使用好它们可就需要技巧了。

● while的用法

为了表示循环使用 for 语句，for 语句通常是这样书写的：

```
for ( 单次表达式 ; 条件表达式 ; 末尾循环体 ) {
    中间循环体
}
```

实际上，JavaScript 中还有一个表示循环的 while 语句：

```
while（条件表达式）{
    中间循环体
}
```

while 语句是这样使用的。

首先试着用 while 语句来代替 for 语句。在最初介绍 for 语句时，曾经练习过将 10 以下的数字，从 1 开始依次相加的程序。现在我们用 while 语句来实现一下。

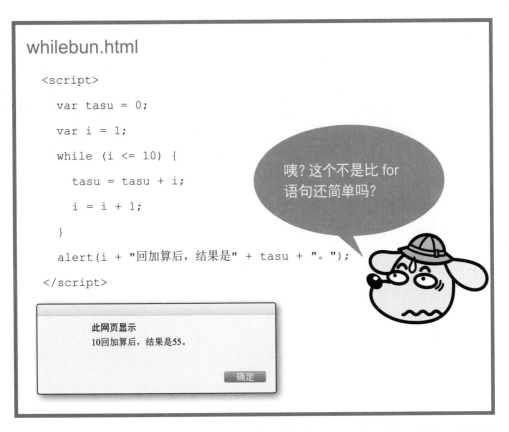

whilebun.html

```
<script>
  var tasu = 0;
  var i = 1;
  while (i <= 10) {
    tasu = tasu + i;
    i = i + 1;
  }
  alert(i + "回加算后，结果是" + tasu + "。");
</script>
```

咦？这个不是比 for 语句还简单吗？

此网页显示
10回加算后，结果是55。

确定

while 语句里没有 for 语句的"单次表达式"和"末尾循环体"。所以从某方面而言，while 语句可能更简单些。

● 循环到超过100

试着进行下面的计算。

```
0+1=1
1+2=3
3+3=6
6+4=10
10+5=15
 ·
 ·
 ·
 ·
```

一遍遍地循环

首先，"加数"是每回增加 1，"被加数"就是前回的加算结果。这样依次累加，直到计算结果超过 100 为止。

怎么写才好啊？
完全想不明白啊！

首先，声明一个循环变量 i，设为 0。

```
var i = 0;
```

然后，声明一个变量 goukei，设为 0。

```
var goukei = 0;
```

接着，使用 while 语句，当加算结果小于等于 100 的时候进行循环。

```
while (goukei <= 100)
```

while 语句中的"中间循环体"，用大括号（{}）括起来。

```
while (goukei <= 100) {
  i = i + 1;          变量i每回增加1
  goukei = goukei + i;          变量goukei里加算上变量i
}
```

于是，可以得到下面的程序。

whilebun1.html

```
<script>
  var i = 0;
  var goukei = 0;
  while (goukei <= 100) {
```

一遍遍地循环

```
    i = i + 1;

    goukei = goukei + i;

  }

  alert(i + "回加算后，结果是" + goukei + "。");

</script>
```

此网页显示
14回加算后，结果是105。

确定

● 循环到超过100万

这种程度的数字，想计算也许还是可以计算出来的。但是数字变得越大就越不可能了。比如，1000000（100万）。

唉! 这绝对算不出来了!

但是，使用上面的程序却能很快计算出结果。

whilebun2.html

```
<script>

  var i = 0;

  var goukei = 0;

  while (goukei <= 1000000) {

    i = i + 1;

    goukei = goukei + i;

  }

  alert(i + "回加算后，结果是" + goukei + "。");

</script>
```

一遍遍地循环

这个程序的处理流程大体如下：

给变量 i 赋值为 0
给变量 goukei 赋值为 0
while (当 goukei 小于等于 1000000 时) {
  变量 i 加 1，然后再赋值给 i
  将变量 goukei 和变量 i 相加，然后再赋值给 goukei
}

就这样，变量 i 从 1 开始每回增加 1，依次变为 2、3、4、……，变量 goukei 则逐渐增大为 0、1、3、6、10、15、21、28、36、45、55、……。

此网页显示
1414回加算后，结果是1000405。

确定

说数字可能没有感觉，那就用钱来举例吧。如果你每天都比前一天多存 1 元钱，那么要存到 100 万元需要花多长时间呢？从程序的运算结果来看，需要 1414 天。一年有 365 天，那么只需要 3 年零 11 个月就可以存到 100 万元了！

哇！从今天开始存钱！

话虽如此，时间越久，存钱的负担就越重啊……

● 循环到出现正确答案为止

到目前为止，我们一直在考虑让计算机来计算出结果的程序。接下来，我们要考虑面向人类出题的情况吧。人类和计算机不同，不一定会给出正确答案。甚至可能会回答错很多回。

因此，试着制作一个"循环到出现正确答案为止"的程序。

```
mondai.html

<script>
  var kotae = "";
  while (kotae != "2") {
    kotae = prompt("1 ÷ 0.5 =", "");
  }
  alert("回答正确！");
</script>
```

这个程序的流程大体如下：

> 给变量 kotae 赋值为 ""
> while (当 kotae 不等于 "2" 的时候) {
>   显示题目 "1 ÷ 0.5 ="，并把输入的答案赋值到变量 kotae 里
> }
> 显示 " 回答正确！"

首先声明一个变量 kotae，赋值为前文使用过的空字符串 ""。然后，制作出用 while 语句显示 "1 ÷ 0.5 =" 的程序。

如果对话框中不输入正确答案"2"，该对话框会不停地弹出来。因为 1÷0.5=2，所以输入正确答案"2"后，单击"确定"按钮，下面这个窗口就会显示出来。

此网页显示
回答正确！

确定

看到显示出"回答正确！"，心情爽到爆啊！

这只是一道不会答错的简单问题, 好吧。

● do…while语句

同样的程序也可以用 do…while 的形式来编写。

mondai2.html

```
<script>
  do {
    var kotae = prompt("1 ÷ 0.5 =", "");
  } while (kotae != "2");
  alert("回答正确！ ");
</script>
```

这个写法更简单哦！

一遍遍地循环

总结一下 do…while 语句的构成。

```
do {
  中间循环体
}
while ( 条件表达式 );
```

只有在满足条件表达式的时候，程序才会进行循环。画面显示和上面完全一样。

我已经掌握了多种循环语句了哟!

一遍遍地循环

3.5 终止循环、继续循环

　　使用了循环语句后，就算我们想让它停下来，计算机也会持续地循环处理下去。为了更好地使用循环语句，我们必须告诉系统：希望循环到什么程度，什么时候需要终止。

● 终止循环

　　截至目前，我们已经学习了循环语句的程序编写。

　　同样是循环语句，但 for 语句、while 语句、do…while 语句各有各的写法。当然，它们也有相同之处。

　　无论什么时候想要终止循环，都需要用到"break"语句。

　　使用 break 语句后，可以终止循环，继续执行下一条语句。

　　我们试着制作一个程序：在循环中，如果合计值超过了 1000，就终止该循环。

break.html

```
<script>
  var goukei = 0;
  for (var i = 1; i <= 100; i = i + 1) {
    goukei = goukei + i;
    if (goukei > 1000) {
      break;    这里，终止了循环
    }
```

```
    }
    alert(goukei);
</script>
```

使用 break 语句可以终止循环。

上面介绍的是使用 for 语句,在变量 i 从 1 到 100 加算时,当合计值超过 1000 时终止循环的程序。

这个程序的最终计算结果如下图所示。

此网页显示
1035

确定

从 1 到 100 全部加起来应该是 5050。不过,这个程序在运行过程中终止了计算,所以运算结果就变成 1035 了。

这里用 if 语句 (goukei > 1000) 判断合计值是否大于 1000,如果大于 1000 了就用 break 语句终止 for 循环,接着执行下一条语句(显示合计值 goukei)。

● 继续循环

使用 break 语句,中途就可以终止程序的循环。但是,也有不想停止循环的时候吧?

例如,连续 3 道测试题目的小测验时,如果不能连续答对,则需要从头再做。

这时需要用到"continue"语句。在循环语句中，不论是 for 语句，还是 while 语句都有"条件表达式"。continue 语句跟"条件表达式"无关，无论是否满足条件都继续执行循环。

在连续 3 道测试题目不能全部回答正确的情况下，使用 continue 语句制作一个从头开始重新答题的程序。首先，使用 prompt 语句出题。在 prompt 里输入的答案不正确的时候，显示"回答错误"。然后，使用"continue"语句返回到 while 语句的最开始。此时，continue 语句后面的程序不会被执行。

那么，用 continue 语句和 break 语句来试着制作这样一个程序：必须连续正确地回答出计算、地理、音乐这 3 道题目，才能结束程序的执行。

首先，询问你的名字。

接着，提出算术题。

请输入你的姓名。

如果没有输入正确答案（即没有输入"6.28"），就显示如下提示框。

再一次回到上一个画面。

一遍遍地循环

如果回答正确了，则会出现下面这个提示框。

然后进入下一个问题。

啊？还有下一个问题！！

下一个问题是这样。

这谁知道啊！！！！

如果回答正确，会提出下一个问题。

一遍遍地循环

3 个问题都回答正确，会出现下面的信息。另外，"藤淘"这个名字是刚开始输入的名字。

此网页显示
恭喜！全部回答正确！藤淘小朋友，你太厉害了。

确定

当所有的问题都回答正确后，使用 break 语句从 while 循环中跳出来，结束小测验。源程序如下：

quiz2.html

```
<script>
    var name = prompt("你的名字是什么？", "");
    while (true) {
      var keisan = prompt("3.14 * 2 =", "");
      if (keisan != "6.28") {
        alert("回答错误。");
        continue;
      }
      alert("回答正确。");


      var kisetsu = prompt("在南半球，圣诞节是在什么季节呢？", "");
      if (kisetsu != "夏天") {
        alert("回答错误。");
        continue;
      }
      alert("回答正确。");


      var ongaku = prompt("乐谱中表示暂时停顿的音乐符号是哪个？", "");
```

```
    if (ongaku != "休止符") {
      alert("回答错误。");
      continue;
    }
    alert("回答正确。");
    break;
  }
  alert("恭喜！ 全部回答正确！ " + name + "小朋友，你太厉害了。");
</script>
```

while (不停地循环) {

显示 "3.14 * 2 =", 把输入的答案赋值给变量 keisan

if (变量 keisan 不是 "6.28") {

表示 " 回答错误。"

返回到 while 语句的最开始

}

表示 " 回答正确。"

显示 " 在南半球，圣诞节是在什么季节呢？ ", 把输入的答案赋值给变量 kisetsu

if (变量 kisetsu 不是 " 夏天 ") {

表示 " 回答错误。"

返回到 while 语句的最开始

}

表示 " 回答正确。"

显示 " 乐谱中表示暂时停顿的音乐符号是哪个？ ", 把输入的答案赋值给变量 ongaku

```
if ( 变量 ongaku 不是 " 休止符 ") {
  表示 " 回答错误。"
  返回到 while 语句的最开始
}
表示 " 回答正确。"
while 语句循环终止
}
表示 (" 恭喜！全部回答正确！" + name + " 小朋友，你太
厉害了。")
```

在"quiz2.html"程序中，首先输入自己的名字。

接下来，第一道题是计算题。如果回答错误，则执行 continue 语句返回到最初，重新从第一道题开始回答。

如果回答正确，则进入第二道题。同样的，如果回答错误，则执行 continue 语句返回到最初，重新从第一道题开始回答。

如果回答正确，则进入第三道题。这时如果回答错误，又要重新从第一道题开始回答。

如果不能答对所有问题，这个小测验程序就不会结束。换而言之，如果回答不是全部正确，就不能执行 break 语句来终止这个循环。

像这样，灵活地使用循环语句、continue 语句以及 break 语句的组合，就可以制作出各种各样的程序了。

一遍遍地循环

专栏

死循环

死循环是指在编写循环语句或者 continue 语句时由于书写不正确，出现了无法结束的循环。由于死循环，导致程序无法结束的时候，通常只能强制终止程序运行。所以需要特别留意。

在前面，我们介绍了 while 语句开头的程序，如果不能很好地理解使用方法，极有可能造成死循环。在某些情况下可能会导致计算机死机，所以一定要注意。

如果不事先决定好循环的结束条件，程序会永远循环下去啊？

这就叫作死循环。

一遍遍地循环

第 **4** 章

用数组来排列

为了操控更多的变量

"数组"是指把很多变量排列在一起，集中处理的数据结构。它不仅存在于 JavaScript，很多编程语言都具有这种数据结构。

为了掌握数组，试着制作些小测试题来进行打分并计算总分数吧。如果能统计出总分数，也就能找出最高分，计算出平均分数。数组让这类处理变得非常容易。

另外，还将介绍把 JavaScript 文件从 HTML 文件中分离出来的方法。就像本章所介绍的那样，当处理很多本程序时，采用这种文件分离的方法会很有效果。同样，当很多人同时编写一个大的程序时（通常都是这样的），这种方法也是非常行之有效的。

藤淘君的第四天：

掌握了数组······

数组是将变量集中处理的数据结构。

```
var namas = [];
namas[0] = " 藤淘君 ";
namas[1] = " 包子酱 ";
namas[2] = " 咖喱君 ";
namas[3] = " 点名 ";
```

使用数组，就能很容易地显示成这样。

哦！

使用数组时一定要标上"下标"。下标是能随意增减的数字。

啊！藤淘君！

吭当

出现了很多怪物，要把我压垮了······

藤淘君，变量不是怪物啊！！！

4.1

分离文件

表示页面框架的 HTML 文件和记载 JavaScript 的文件，在很多情况下是分开制作的。为什么要把文件分开呢？怎样来分开呢？

● 文件通常是分开的

到目前为止我们做的都是一个 HTML 文件里有一个程序。

我想大家有过这样的体验，用这种方法，程序会越来越长，文件会越来越大。为了避免文件超大，以 HTML/CSS 的形式，将文件的骨架部分整理成 HTML 文件，与装饰相关的部分则整理成 CSS 文件。

JavaScript 也是如此，需要把程序部分做成另一个文件。拿前面的范例来说，就是将 <script> ~ </script> 之间的源代码全部分离到另一个文件里。文件夹就变成下图这个样子。

文件后缀是 .js 的文件里面只包含程序的源代码。

另做一个程序文件，会有以下的优点。

比如算术、语文、科学和社会，4 门学科的小测验题目都放在一个文件里会非常麻烦。想在算术题目里增加内容时，不只是修改算术部分。语文、科学和社会的部分也不得不调整。就算没有修改，也必须检查 4 门学科，确认程序是否能正常执行。

如果这 4 门学科是分开的，就只需要修改算术的文件，没必要触碰其他的 3 个学科的文件了。

原来如此。
那就很方便轻松啦！！

并且，如果程序变复杂、变大了，靠一个人是无论如何也完成不了的。这就出现了需要大家合力来制作一个程序的局面。

这种情况下，如果已经对程序进行了拆分，就会很容易分配工作了。以刚才 4 门学科的小测验程序为例，把算术交给别人，自己制作剩下的 3 门学科就容易实现了。

哈哈！这可更方便了！！

估计你会把 4 门学科全部
交给别人去做吧！

● 试着分离文件

快来试着做做吧。首先，试着做成如下形式。

准备好 HTML 文件 "newquiz.html"。这个文件里只写了 3 行。

---

newquiz.html

```html
<html>
  <script src="konichiwa.js"></script>
</html>
```

第一个标签 <html> 和最后一个标签 </html> 表示"从 <html> 到 </html>之间是 HTML 语句"，这是 HTML 中必须要有的内容。再仔细看看除此之外的部分。

<script … > ～ </script>

调用程序文件的内容就写在这里。script 是脚本、原稿的意思。也就是说"HTML 文件中从这里开始，要添加执行程序的脚本了"。

src="konichiwa.js"

在空格后面，接在 src 字符串后面的内容是程序文件的文件名。这个范例中表示在 konichiwa.js 文件中有相应的程序。src 是 source(源代码)的缩写。

用数组来排列

酱汁！

和浇在食物上的酱汁是同样的发音，但这里的 src 是材料和原料的意思。

type="text/javascript"

以前必须要有这个语句。它表示程序文件的种类，text/javascript 明确地表示 text（文本）中写的是 JavaScript。因为现在缺省的初期值就是 JavaScript，所以不需要明确地写出来了。

不需要特意地指定是 JavaScript 了。

● js是什么

就像 "konichiwa.js" 一样，后缀是 .js 的文件就是 JavaScript 的程序文件。那么，让我们来看看 "konichiwa.js" 的内容吧。

---

konichiwa.js

```
var onamae = prompt("你的名字是什么？", "");
alert("你好！" + onamae + "小朋友");
```

这里只能写 JavaScript 程序，所以第一行就已经是程序的源代码了。

用数组来排列

这个程序如果执行，会询问你的名字。

此网页显示
你的名字是什么?

确定　取消

此网页显示
你的名字是什么?

藤淘

确定　取消

此网页显示
你好!藤淘小朋友

确定

询问名字的程序完成啦!

这、这也太简单了吧。

专栏

没有反应!

HTML 文件和 JS 文件分开做成后，有时会出现不能正常读取的情况。即使执行（双击）HTML 文件，也没有任何反应。

这时，首先要确认下面的①、②。

① HTML 文件和 JS 文件是否在同一个文件夹里。

②有没有把程序文件名写错。

这可是经常会发生的错误啊。

4.2

制作小测验程序

试着使用在前一节中介绍的程序文件分离方法,制作几道小测验题目吧。小测验题目是算术、语文、科学、社会 4 门学科的。谁说他的功课都不怎么样的!

● 出算术题

让我们实际制作出一套前一节中介绍过的算术、语文、科学、社会 4 科的出题程序吧。先从算术开始出题,准备 JS 文件"sansu.js"。

```
sansu.js

var kotae = prompt("7 × 35 = ", "");
if (kotae == 245) {
    alert("回答正确! ");
} else {
    alert("很遗憾! ");
}
```

这里提出的题目是 7 × 35。

因为答案是 245，所以用 if 语句来检查答案 245 是否放入变量 kotae 里。

用 if…else 语句就能够在回答对的时候显示"回答正确！"，回答错的时候显示"很遗憾！"。

● 出语文题

接下来，试着制作语文题的程序吧。准备 JS 文件"kokugo.js"。

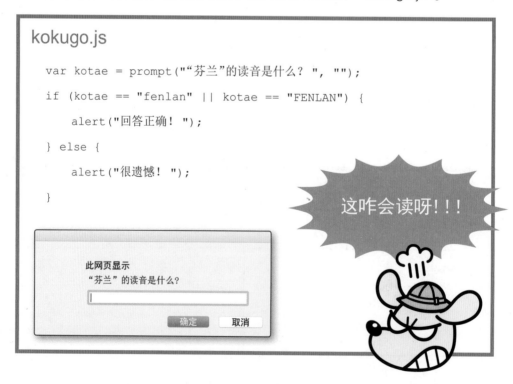

```
kokugo.js

var kotae = prompt(""芬兰"的读音是什么？", "");
if (kotae == "fenlan" || kotae == "FENLAN") {
    alert("回答正确！");
} else {
    alert("很遗憾！");
}
```

这咋会读呀！！！

用数组来排列

这里需要你回答"芬兰"的读音。能读对的人不多吧……。答案是"fenlan"。芬兰是一个北欧国家的国名。

这个程序中特别需要注意的是：无论是小写的"fenlan"还是大写的"FENLAN"都要设成正确答案。

想把两个都设成正确答案就应该使用逻辑运算符"||"。简单地复习一下吧。

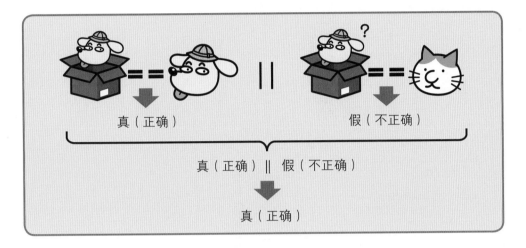

用箱子表示变量 kotae。无论箱子里装的是狗(藤淘君),还是猫(包子酱),结果都是正确答案。

用公式表示，如下所示。

if (箱子 == 狗 || 箱子 == 猫)

除此之外都是不行的。比如箱子里装的是老鼠，运算结果就是不正确。

无论是小写的"fenlan"还是大写的"FENLAN"放在里面，结果都是正确的，和这个是同样的道理。

if (kotae == "fenlan" || kotae == "FENLAN")

变量 kotae 既可以是"fenlan"也可以是"FENLAN"。除此之外都不是正确答案。

● 出科学题

接着出科学的题目，准备好 JS 文件 "rika.js"。

rika.js

```
var kotae = prompt("昆虫有几只脚？", "");
if (kotae == "6" || kotae == " 6") {
    alert("回答正确！");
} else {
    alert("很遗憾！");
}
```

此网页显示
昆虫有几只脚?

确定　　取消

这里重要的是，和语文题一样使用了逻辑运算符"||"（或者），不论是"6"还是"6"都设成正确答案。

稍等一下，"6"和"6"有什么不同呢？

第一个"6"是半角的6，第二个"6"是全角的6。

事实上，在程序的世界里，半角字符和全角字符经常被当作不同的内容来处理的。JavaScript 里 6(半角) 和 6 (全角) 也被认为是不同的字符。

专栏

全角和半角

　　字母（A ～ Z, a ～ z）和数字（0 ～ 9）等计算机世界里最初被创造出来的 256 种字符叫作半角字符。汉字通常被叫作全角字符。全角字符的宽度是半角字符的两倍。

> 半角占用1byte、全角占用2byte。它们的名称由此而来。

● 出社会题

　　最后出个社会的题目。准备好 JS 文件"shakai.js"。

---

shakai.js

```javascript
var kotae = prompt("北海道的县政府所在地是哪里呢？", "");
if (kotae == "札幌" || kotae == "zhahuang") {
    alert("回答正确！");
} else {
    alert("很遗憾！");
}
```

此网页显示
北海道的县政府所在地是哪里呢？

[   ]

[确定]　[取消]

这种情况也要设置两种正确答案。汉字"札幌"和拼音"zhahuang"。

● 在HTML文件里添加

在 HTML 文件"newquiz.html"里添加算术、语文、科学、社会 4 科的题目。

```
newquiz.html

<html>
  <script src="konichiwa.js"></script>
  <script src="sansu.js"></script>
  <script src="kokugo.js"></script>
  <script src="rika.js"></script>
  <script src="shakai.js"></script>
</html>
```

双击"newquiz.html"文件图标，第一个询问名字的程序（konichiwa.js）会被执行，然后依次显示算术、语文、科学、社会的题目。

题目都正常地连续显示了吗？
接下来会越来越难哦！

4.3 再增加些题目

将文件分开是因为有分开的好处：一是容易修改；二是"你负责语文，他负责算术"这种编程分工也更容易实现。

● 给各学科添加题目

使用 JS 文件的一个很大的好处在于，当想修改某个文件时，只需要对那个文件里的程序进行改动。查找错误和确认检查都会变得方便简单。

使用 JS 文件很容易发现错误！

那我们试着给各个文件添加题目，让各学科分别提出两个问题吧。

```
sansu.js

var kotae = prompt("7 × 35 = ", "");
if (kotae == 245) {
    alert("回答正确！");
} else {
    alert("很遗憾！");
}
```

```
var kotae = prompt("112 - 53 = ", "");

if (kotae == 59) {

    alert("回答正确！");

} else {

    alert("很遗憾！");

}
```

kokugo.js

```
var kotae = prompt(""芬兰"的读音是什么？", "");

if (kotae == "fenlan" || kotae == "FENLAN") {

    alert("回答正确！");

} else {

    alert("很遗憾！");

}


var kotae = prompt(""细鱼"的读音是什么？", "");

if (kotae == "xiyu" || kotae == "XIYU") {

    alert("回答正确！");

} else {

    alert("很遗憾！");

}
```

rika.js

```
var kotae = prompt("昆虫有几只脚？", "");

if (kotae == "6" || kotae == " 6") {

    alert("回答正确！");

} else {
```

```
    alert("很遗憾！");

}


var kotae = prompt("光合作用时吸收空气中的二氧化碳，释放〇〇。〇〇是
什么呢？", "");
if (kotae == "氧气" || kotae == "氧") {

    alert("回答正确！");

} else {

    alert("很遗憾！");

}
```

shakai.js

```
var kotae = prompt("北海道的县政府所在地是哪里呢？", "");
if (kotae == "札幌" || kotae == "zhahuang") {

    alert("回答正确！");

} else {

    alert("很遗憾！");

}


var kotae = prompt("日本最高的山是哪座山？", "");
if (kotae == "富士山") {

    alert("回答正确！");

} else {

    alert("很遗憾！");

}
```

添加程序到此结束了。如果添加正确，应该会出现如下显示。

①问名字

此网页显示
你的名字是什么?

确定　　取消

此网页显示
你好!藤淘小朋友

确定

②算术

此网页显示
7 × 35 =

确定　　取消

此网页显示
112 − 53 =

确定　　取消

③语文

此网页显示
"芬兰"的读音是什么?

确定　　取消

此网页显示
"细鱼"的读音是什么?

确定　　取消

用
数
组
来
排
列

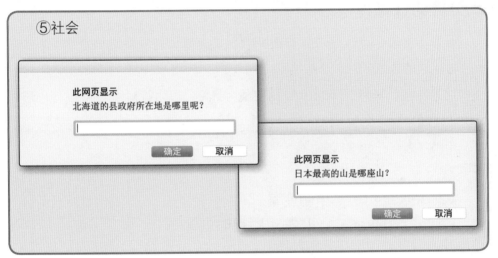

④科学

此网页显示
昆虫有几只脚？

[　　　　　　　　　]

确定　　取消

此网页显示
光合作用时吸收空气中的二氧化碳，释放〇〇。
〇〇是什么呢？

[　　　　　　　　　]

确定　　取消

⑤社会

此网页显示
北海道的县政府所在地是哪里呢？

[　　　　　　　　　]

确定　　取消

此网页显示
日本最高的山是哪座山？

[　　　　　　　　　]

确定　　取消

那么，你做对了几道题呢？这里的主要目的不是正确回答问题，利用程序简单地计算出总分数和平均分数才是我们的目标。接下来，让我们一起来学习。

实际上，热身运动结束了！下节才开始正题呢！

接下来进入正题喽！

用数组来排列

4.4

统计成绩

制作完成了 4 门学科的小测验程序，就可以给每道题加上分数，统计出成绩了。如果总分数会统计，那么计算平均分数或找出最高分也就不难了。

● 分数的计算方法

答对 1 题得 1 分，答对 2 题得 2 分，试着算出各学科的总分数吧。也就是答对问题的数量就是"分数"。

首先，我们来声明记录分数的变量 seikai。因为答对 1 题得 1 分，所以每次答对题目时，变量 seikai 就会加 1。

用程序表示，如下所示。

```
var seikai = 0;  // 声明变量
seikai = seikai + 1;  // 答对题目时就加 1
```

原来如此。答对 1 题后变量 seikai 就加 1 呀！

● 计算算术的分数

利用这种方法，在"sansu.js"里添加计算分数的逻辑。

```
sansu.js

var seikai = 0;   // 声明变量

var kotae = prompt("7 × 35 = ", "");

if (kotae == 245) {

    alert("回答正确！");

    seikai = seikai + 1;   // 答对题目就加1

} else {

    alert("很遗憾！");

}


var kotae = prompt("112 - 53 = ", "");

if (kotae == 59) {

    alert("回答正确！");

    seikai = seikai + 1;   // 答对题目就加1

} else {

    alert("很遗憾！");

}


alert("分数是" + seikai + "分。");   // 显示分数
```

alert 语句里显示第 1 题和第 2 题的总分数。

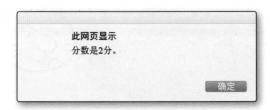

用数组来排列

4.5

试着使用"数组"

成功计算出总分数，就可以计算平均分数了。有很多种处理小测验分数的方法，这里介绍的方法是将变量集中起来处理，也就是使用"数组"。

● "数组"是什么

在前一节中，我们学习了如何将各学科的两道题目计算出总分数的方法。这次想试着计算出 4 门学科的总分数和平均分数。计算公式如下。

> 总分数 = 算术 + 语文 + 科学 + 社会
> 平均分数 = 总分数 ÷ 4

虽然我不擅长算术，这些还是能明白的哟！

为了计算，必须记住各学科的分数。

比如，假设有这样一个人。

> 算术：1分　语文：2分　科学：0分　社会：1分

科学 1 道题都不对，这家伙真是傻瓜啊！

人家总分数可比你高啊！

用数组来排列

这个人的总分数是 1+2+0+1=4 分。因为平均分数是用总分数除以学科数量，所以平均分是 1 分。

能够进行这样的计算，是因为知道各个学科的分数。如果你想用程序处理同样的事情，就必须让计算机存储各个学科的分数。

这时使用的就是 "数组"。简单地说，利用数据可以把很多变量集中起来，统一做处理。

第4章

● 试着使用"数组"

在使用数组的例子中，先来介绍最简单的一类吧。

我尝试制作了 "kyouka.html"。双击这个文件图标就会连续显示出学科名称。

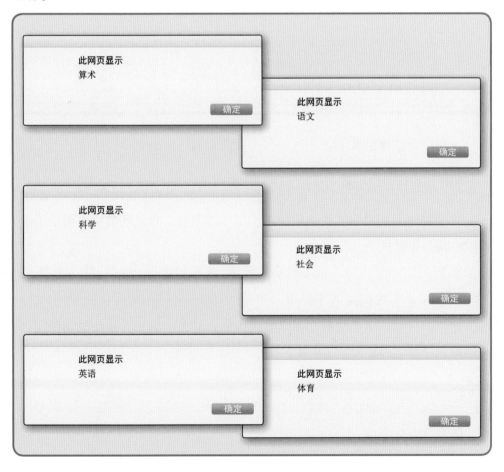

源代码如下所示。

```
kyouka.html

<script>
    var hairetsu = [];
    hairetsu[0] = "算术";
    hairetsu[1] = "语文";
    hairetsu[2] = "科学";
    hairetsu[3] = "社会";
    hairetsu[4] = "英语";
    hairetsu[5] = "体育";
    for (var i = 0; i < 6; i++) {
        alert(hairetsu[i]);
    }
</script>
```

这里使用的就是数组。

var hairetsu = [];

上面的语句在声明"要使用数组了！"的同时，也说明数组里面是空的，可以存储很多数据。

事实上，[] 中可以放入很多种类的数据。既可以像 var hairetsu = ["算术"，"语文"，"科学"]; 这样放入字符串，也可以像 var hairetsu = [123,45,6]; 这样放入数字。这里，用表的形式表示数组内容的变化。因为一开始数组是空的，所以可以说数组内容发生了变化。

用数组来排列

数组 hairetsu 的内容	
0	算术
1	语文
2	科学
3	社会
4	英语
5	体育

形象地说，就像在空箱子里放入了按编号顺序记入的各学科名称。

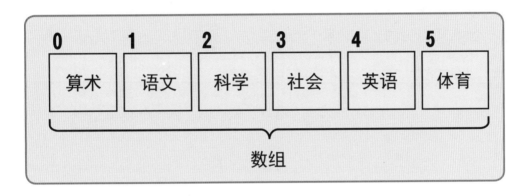

通常像第 124 页的源代码那样，在数组中是通过索引来取得相关内容的，这种索引称作"下标"。它总是从 0 开始。

并且，在程序里使用了 for 语句。

```
for (var i = 0; i < 6; i++) {
    alert(hairetsu[i]);
}
```

这意味着变量 i 从 0 开始，在比 6 小的范围里，每循环一次增加 1。具体

用数组来排列

来说，变量 i 变成了 0、1、2、3、4、5。

这样执行，就会从数组 hairetsu 的第 0 个"算术"开始，连续显示到第 5 个"体育"。

专栏

为什么是从 0 开始的呢!?

数组下标为什么是从 0 而不是 1 开始呢? 研究计算机的专家对此也意见不一。

根据编程的经典著作《C 编程语言》(Brian W. Kernighan 和 Dennis M. Ritchie 合著) 的说法，数组下标是表示距离数组存储空间有多远的数字。因为第一个是起始点，所以就从 0 开始了。

实际上这是个谜呢。

4.6 计算平均分数

用数组来计算平均分数。平均分数是用总分数除以要素的数量（4学科小测验就是除以 4）计算出来的。我们试着用程序来实现吧。

● 显示各学科分数的程序

首先，使用数组来编写名为 "hairetsu.js" 的 JS 文件。

hairetsu.js

```
var tensu = [0, 0, 0, 0];
```

会显示这样的提示框。

此网页显示
算术2分, 语文2分, 科学2分, 社会2分。

确定

接着，稍微改写一下各学科的程序。

比如 "sansu.js" 修改如下。

sansu.js

```
var seikai = 0;  // 声明变量

var kotae = prompt("7 × 35 = ", "");

if (kotae == 245) {

    alert("回答正确！");
```

```
        seikai = seikai + 1;   // 答对题目就加1
    } else {
        alert("很遗憾！");
    }


var kotae = prompt("112 - 53 = ", "");
if (kotae == 59) {
    alert("回答正确！");
    seikai = seikai + 1;   // 答对题目就加1
} else {
    alert("很遗憾！");
}
tensu[0] = seikai;   // 保存分数
```

重点在最后一行，写着 tensu[0] = seikai; 的这部分。它意味着在数组 tensu 的第 0 个位置中赋值为变量 seikai 的内容。

同样，在"kokugo.js"的最后，改写成

tensu[1] = seikai;

在"rika.js"的最后，改写成

tensu[2] = seikai;

在"shakai.js"的最后，改写成

tensu[3] = seikai;

用图表示就是这个样子。

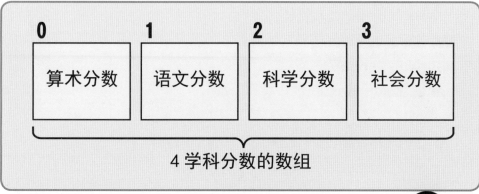

4 学科分数的数组

哦，原来是把各学科的分数放在各个箱子里呀。

嗯。0 号箱子里放算术分数，1 号箱子里放语文分数，2 号箱子里放科学分数，3 号箱子里放社会分数。

●计算所有学科的平均分数吧

接下来，试着计算平均分数。平均分数是将所有学科的总分数（算术分数 + 语文分数 + 科学分数 + 社会分数）除以学科个数（4 学科）得出的结果。

分数指的是答对题目的数量！

用公式写出就是这样的。

平均分数 = 所有学科的总分数 ÷ 学科个数

= （算术分数 + 语文分数 + 科学分数 + 社会分数）÷ 4

用程序写出来就是这个样子。

```
var sansu = tensu[0];
var kokugo = tensu[1];
var rika = tensu[2];
var shakai = tensu[3];

var goukei = sansu + kokugo + rika + shakai;
var heikin = goukei / 4;
```

可以更简明地表示同样的内容。

```
var goukei = tensu[0] + tensu[1] + tensu[2] + tensu[3];
var heikin = goukei / 4;
```

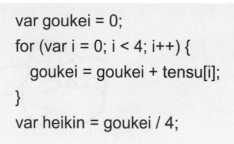

这可一点都不简单啊!

也可以用 for 语句来这么编程哦!

```
var goukei = 0;
for (var i = 0; i < 4; i++) {
    goukei = goukei + tensu[i];
}
var heikin = goukei / 4;
```

这样就完成了计算总分数和平均分数的程序。尝试将这些语句全部放入名为 "goukei.js" 的 JS 文件里。执行后显示出这样的提示框。

此网页显示
总分数是8分，平均分数是2分。

确定

goukei.js

```
var goukei = 0;
for (var i = 0; i < 4; i++) {
  goukei = goukei + tensu[i];
}
var heikin = goukei / 4;


alert("总分数是" + goukei + "分，" +
"平均分数是" + heikin + "分。");
```

而且要在 HTML 文件"newquiz.html"的最后追加"goukei.js"。

像上面所提到的那样，程序是从上往下依次读取的，因此，声明了存储分数的数组的"hairetsu.js"必须放在程序的最上面。

分数的表示必须在所有题目解答后才能显示，所以应该放在最下面。

● 判定所有问题全答对

最后，添加一个只有所有题目全部答对的人才能看到的提示吧。如果全部答对，总分数应该是 8 分。那么就编写一个检查总分数是否为 8 分的程序。而且，既然一开始好不容易输入了名字，就使用一下吧。

如果全部答对，应该出现下面的提示。

用数组来排列

为全部题目都答对的人，制作"zenmonseikai.js"文件并保存。

zenmonseikai.js

```
if (goukei == 8) {
    alert(onamae + "小朋友，恭喜你全部答对了！");
}
```

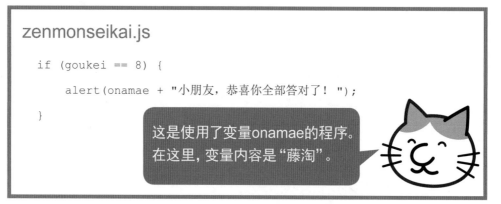

这是使用了变量onamae的程序。
在这里，变量内容是"藤淘"。

最后，需要在"newquiz.html"文件里追加"zenmonseikai.js"。

newquiz.html

```
<html>
  <script src="hairetsu.js"></script>
  <script src="konichiwa.js"></script>
  <script src="sansu.js"></script>
  <script src="kokugo.js"></script>
  <script src="rika.js"></script>
  <script src="shakai.js"></script>
  <script src="goukei.js"></script>
  <script src="zenmonseikai.js"></script>
</html>
```

用数组来排列

文件夹应该如下图所示。

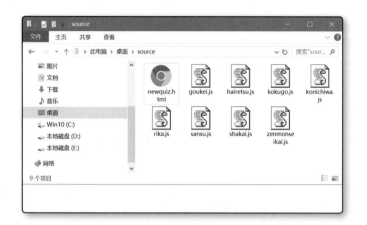

　　并且，在 JavaScript 里，除了上面提到的数组外，还有被称为 dictionary
（字典）、hash（哈希表）、map（映射）、property（属性）的数据结构。它们
与上面介绍的数组最大的不同之处在于：下标不仅仅是数字，还可以是字符串。

　　由于在本书中不会涉及上述这些数据结构，想要深入了解的人请自学喽。

第5章

函数是什么

编程的函数及使用方法

　　程序要尽可能地通顺简短。我们不提那个计算机处理能力很低的年代，就现在本书中所收录的这种长度的程序，无论哪种写法都不会造成处理速度上有差异。也就是说程序无论长短，执行结果都是一样的。但是"程序通顺流畅，越短越好"这种想法从来没有改变过。

　　这种想法不是为了计算机，而是考虑到程序是给人阅读的。如果是超长的程序，不可能仅仅靠一个人编写出来。就像很多体育运动那样，靠的是整个团队来完成。在这种情况下，逻辑复杂、不容易理解的程序会给人带来很大的困扰。函数在使程序简短易懂方面能发挥巨大的功效。

藤淘君的第五天：
写出简练整齐短小的程序

函数是什么

5.1 使用"函数"

写过一遍的程序要是再写一遍真的觉得好麻烦呢。如果你掌握了函数，就能从这种困扰中解脱出来，尽可能轻松地编程啦！

● 函数是必须的

在前一章里我们学习了将程序分成多个文件，仍作为一个整体来运行的方法。在本章里将介绍能随意调用被分开到多个文件中的程序的方法。从整体上看，就感觉是程序的再利用呢。

> 再利用？是指环保吗？连这个都考虑到，真是厉害厉害！

> 程序进行多少回再利用，也不会让环境变好的。

在前一章编写的小测试程序里题目很多，写到最后可能就有人不愿意写了（我就是这样的）。

虽然对文件进行了分类整理，但每个程序的大小都没有缩小。相同的逻辑写了一遍又一遍，真是麻烦至极。

函数是什么

136

不，相同的程序有多少个，都让我来写！

最开始说麻烦的人不就是你吗！！

实际上，有一种方法可以不用编写很多遍同样的源代码的，那就是使用"函数 (function)"。

● 试着使用函数

听到函数，应该有人会想"哦！是那个吧"。对的，就是数学中出现的函数。英语单词都是 function。

但是，一般认为数学的函数和编程的函数稍有不同，实际上，英语单词 function 不仅有"函数"的意思，还有"功能"或者"作用"等含义。在编程时使用的函数，可以理解为后者的意思。

即使在数学领域，也有专家在说"翻译成'函数'有些不容易理解，还不如翻译成'功能'呢"。

如果使用函数，就不需要重复写同样的程序了。

为了理解函数的概念，首先试着制作出能显示出下面提示的程序吧。就像前一章中所学的那样，将文件分成两个。

此网页显示
你好！

确定

文件分别命名为"konichiwa.js"和"aisatsu.html"。

konichiwa.js

```
alert("你好！");
```

aisatsu.html

```
<html>
  <meta charset="UTF-8" />
  <script type="text/javascript" src="konichiwa.js"></script>
</html>
```

这种程序，我也能写哦！

接着，用函数 function 来改写"konichiwa.js"。

konichiwa.js

```
function konichiwa() {
  alert("你好！");
}
```

函数表达如下。

```
function 函数名称() {
  函数的内容
}
```

函数是什么

也许有人会想小括号 () 里面需要写什么内容呢。这在以后会详细地说明，在这里暂且以什么都不写的形式进行说明。

第 138 页的源代码里写的是 function konichiwa。function 字符后是函数名称，也就是说，在这里声明了"要使用 konichiwa 函数了"。

但是，在这种状态下双击另一个文件 aisatsu.html……

什么都没有出来呀！

实际上，在 aisatsu.html 里也必须调用该函数才行。aisatsu.html 的源程序就变成如下这样了。

```
aisatsu.html

<html>

  <meta charset="UTF-8" />

  <script src="konichiwa.js"></script>

  <script>

     konichiwa();   // 这里调用函数konichiwa()

  </script>

</html>
```

这样就应该能正常显示出来了。

5.2

有参数的函数

在函数后面的小括号()里填写的是参数。这里将参数设为变量"tento"，其实可以设成任何值。在程序里想传入什么，或者程序处理后返回什么，这种传递的数据就称为参数。

● 试着使用参数

在前一节中提到的函数是这种形式。

function 函数名称() {

　　函数的内容

}

到目前为止，我们编写了小括号()里什么都没有的程序。但这只适用于特殊情况。

小括号()有什么用处呢？

使用参数，就可以往函数里传递字符或数字了。

function 函数名称 (参数) {

　　函数的内容

}

做个比较恶心的比喻，人吃了饭菜后会拉出粪便。在这种情况下，参数是饭菜，你的身体是函数，经过处理出来的东西（返回值）就是粪便。

试着改写前一节中制作出来的程序吧。首先从参数开始，在“konichiwa.js”的小括号 () 里添加参数 tento。

konichiwa.js

```
function konichiwa(tento) {
  alert("你好！ " + tento + "小朋友");
}
```

紧接着，对 aisatsu.html 也进行改写。

aisatsu.html

```
<html>
  <meta charset="UTF-8" />
  <script type="text/javascript" src="konichiwa.js"></script>
  <script>
    konichiwa("藤淘");   // 字符串"藤淘"传递给参数
  </script>
</html>
```

程序中给变量 tento 传递过去的是姓名 " 藤淘 "，再加上前面的字符串 " 你好！ " 和后面的字符串 " 小朋友 "，就显示为 " 你好！ 藤淘小朋友 "。

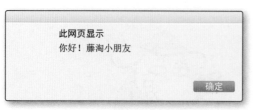

此网页显示
你好！藤淘小朋友

确定

但是有一点需要注意：这是仅限于显示姓名为藤淘的程序。

很高兴只有我自己
一个人呀……

……

如果要显示藤淘以外的姓名——你以及你的家人、朋友的姓名，就必须在 aisatsu.html 里写着"藤淘"的地方，换成你想要显示的姓名。

● 重复多次做同样事情的程序

接下来，考虑一个不断提出问题的程序。像第 4 章所学的那样制作出 shitsumon.js，然后从 aisatsu2.html 中调用它。

```
shitsumon.js

var kotae = prompt("你喜欢的食物是什么？", "");
if (kotae == "") {
    alert("？");
} else {
    alert(kotae + "呀！和我口味一样呢。");
}
```

简单地说明程序逻辑，就是一开始显示题目。

如果什么都没回答，直接按下 Enter 键，就会显示这个提示框。

如果输入了喜欢的食物，就会显示如下内容。

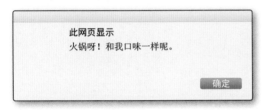

用同样的模式来制作各种各样的提问程序吧。

shitsumon.js

```
var kotae = prompt("你喜欢的食物是什么？", "");
if (kotae == "") {
    alert("？");
} else {
    alert(kotae + "呀！ 和我口味一样呢。");
}

var kotae = prompt("你讨厌的食物是什么？", "");
if (kotae == "") {
    alert("？");
} else {
    alert("哦？ " + kotae + "可是我喜欢的啊。");
```

函数是什么

```
}

var kotae = prompt("你想去的国家是哪里？", "");
if (kotae == "") {
    alert("？");
} else {
    alert(kotae + "啊。要是能去就好了。");
}

var kotae = prompt("你明天准备去吃什么？", "");
if (kotae == "") {
    alert("？");
} else {
    alert(kotae + "吗？它好吃吗？");
}

var kotae = prompt("你今年的目标是什么？", "");
if (kotae == "") {
    alert("？");
} else {
    alert("哦。" + kotae + "呀。加油！");
}

var kotae = prompt("你周末都做什么呢？", "");
if (kotae == "") {
    alert("？");
} else {
    alert(kotae + "不错啊。下次一起做吧。");
}
```

aisatsu2.html

```html
<html>
  <script src="konichiwa.js"></script>
  <script src="shitsumon.js"></script>
</html>
```

此网页显示
你今年的目标是什么？

[确定] [取消]

此网页显示
哦。征服世界呀。加油！

[确定]

被问到这么多问题呀……

回答的模式已经固定
下来了呢。

● 用函数试试

这个程序有点麻烦呢。每道题目都必须编写一段源代码。

写成函数试试。

以防万一，先将 shitsumon.js 文件保存好，然后拷贝出一个新文件，将

函数是什么

文件名改为 shitsumon2.js。

试着用参数来传递题目的内容。

回答有两种：

kotae + "呀！ 和我口味一样呢。"

和

"哦？ " + kotae + "可是我喜欢的啊。"

换句话说，也就是将 kotae 放在前面，后面接上字符的模式，和在 kotae 的前后都插入字符的模式。

因此，试着用参数 answer1 和 answer2 夹住 kotae 的字符串拼接法编写程序。

```
shitsumon2.js
function shitsumon(question, answer1, answer2) {
  var kotae = prompt(question, "");
  if (kotae == "") {
    alert("？ ");
  } else {
    alert(answer1 + kotae + answer2);
  }
}
```

然后将题目和回答的内容传递给函数 shitsumon(question, answer1, answer2) 的参数，添加调用函数的部分。

shitsumon2.js

```javascript
function shitsumon(question, answer1, answer2) {

  var kotae = prompt(question, "");

  if (kotae == "") {

    alert(" ? ");

  } else {

    alert(answer1 + kotae + answer2);

  }

}


shitsumon("你喜欢的食物是什么？", "", "呀！ 和我口味一样呢。");

shitsumon("你讨厌的食物是什么？", "哦？", "可是我喜欢的啊。");

shitsumon("你想去的国家是哪里？", "", "啊。要是能去就好了。");

shitsumon("你明天准备去吃什么？", "", "吗？ 它好吃吗？");

shitsumon("你今年的目标是什么？", "哦。", "呀。加油！");

shitsumon("你周末都做什么呢？", "", "不错啊。下次一起做吧。");
```

哦哦，变得很精炼了！

aisatsu3.html

```html
<html>

  <script src="shitsumon2.js"></script>

</html>
```

双击 aisatsu3.html 的文件图标来执行程序。

函数是什么

顺便说一下，函数在调用"你喜欢的食物是什么？"时，向第 2 个参数传递了""，这个被称为空字符，就是里面一个字符都没有的意思。

此网页显示
你喜欢的食物是什么？

| |

确定　　取消

此网页显示
火锅呀！和我口味一样呢。

确定

我渐渐地都明白了耶！

参数和返回值

不论往函数传递的参数是什么值，一定会有执行结果。这个结果称为返回值。返回值的内容会根据函数的不同以及传递参数的不同而改变。也就是说根据我们吃什么，或者是由谁来吃而不同。

● 参数中设定数字

在前一节中，我们学习了将参数设定为字符串，并将其传递到函数里的方法。

参数中也可以设定为数字。

```
tashizan.js
function tasu(a, b) {
  alert(a + b);
}
```

```
hikisuu.html
<html>
  <meta charset="UTF-8" />
  <script type="text/javascript" src="tashizan.js"></script>
  <script>
    tasu(5, 7);
  </script>
</html>
```

把 5 和 7 传递给函数 tasu(a, b) 的参数，然后计算 5 + 7，对话框中就会
出现答案 12。

另外，使用函数时，不仅可以传递数字，还可以传递字符串。

mojiretsu.js

```
function tasu(a, b) {

  alert(a + b);

}
```

hikisuu.html

```
<html>

  <meta charset="UTF-8" />

  <script type="text/javascript" src="mojiretsu.js"></script>

  <script>

    tasu("5", "7");

  </script>

</html>
```

虽然传递给函数的也是 "5" 和 "7"，但这种情况下会出现完全不同的答案。

咦? 两个程序怎么看都是同样的啊

……

实际上，数字和字符的书写方式是不一样的。hikisuu.html 文件里有很大的差别。在最初的例子里是这样写的：

tasu(5, 7);

在这里是将 5 和 7 作为数字来识别。因此计算 5 + 7，就会出现答案是 12。

但是，在第二个例子里的 hikisuu.html 文件中是这样写的：

tasu("5", "7");

在这里是将 5 和 7 作为字符来识别。因此不会进行数字的加法运算，而是进行字符处理，把字符连接后显示出来。

有没有使用双引号（""），就可以确定是数字还是字符了。

● 使用返回值返回结果

前一节中以参数的形式将数字传给了函数。作为函数的处理结果也可以带回给调用程序。这个返回的结果也称为"返回值"。

……话虽如此，还是让人不太明白，所以举例子来说明。

首先，一般的"函数"都是这样记述的。

```
function 函数名称(参数) {
    函数的内容
    return 返回值;
}
```

在此之前的例子中都省略了"return 返回值;"。是因为没有返回值所以没有记述。

suujimodorichi.js

```
function suujikaesu() {

  return 100;

}
```

modorichi.html

```
<html>

  <meta charset="UTF-8" />

  <script type="text/javascript" src="suujimodorichi.js">

  </script>

  <script>

    var suuji = suujikaesu();

    alert(suuji + 10);

  </script>

</html>
```

在 modorichi.html 中，首先读取 suujimodorichi.js 文件，然后调用函数 suujikaesu()。

这个函数的返回值是 100，将其赋值到变量 suuji 里，再加上 10 后，显示出来的结果如下。

此网页显示
110

确定

返回值 100 加上 10，得到 110。

还可以这么计算啊！！！

● 通过返回值返回字符

接下来，我们看看把字符赋值给返回值的模式。

函数 tensai() 中字符串 " 天才！ " 作为返回值返回给调用程序。

tensai.js

```
function tensai() {
    return "天才！ ";
}
```

tento.js

```
function tento() {
    return "藤淘君";
}
```

函数 tento() 将字符串 " 藤淘君 " 返回。

mojiretsu.js

```
function mojitasu(a, b) {
    alert(a + b);
}
```

函数 mojitasu(a, b) 是将字符 a 和 b 连接起来显示。

kuttsukeru.html

```
<html>
    <meta charset="UTF-8" />
    <script type="text/javascript" src="tensai.js"></script>
    <script type="text/javascript" src="tento.js"></script>
    <script type="text/javascript" src="mojiretsu.js"></script>
```

```
<script>

  var b = tensai();    // "天才！"

  var a = tento();     // "藤淘君"

  mojitasu(a, b);

</script>

</html>
```

双击 kuttsukeru.html 的文件图标，应该会出现以下画面。

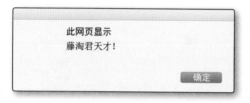

函数是什么

5.4 让程序简练

使用函数可以使程序变得简炼。在第 4 章中制作出来的长程序，让我们使用函数来缩短它吧。程序缩短以后，会减少出错，也让别人更容易理解。

● 看一下小测验程序

那么，让我们使用函数，将第 4 章中制作的长程序改得短而紧凑吧。

简单回顾一下是什么样的程序。

首先询问名字……

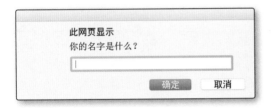

此网页显示
你的名字是什么？

确定　　取消

使用这个名字来打招呼……

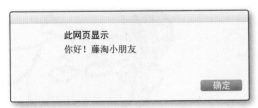

此网页显示
你好！藤淘小朋友

确定

提出问题……

此网页显示
7 × 35 =

确定　　取消

回答对的时候显示"回答正确!"

回答错的时候显示"很遗憾!"

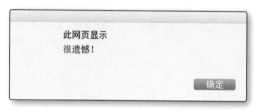

提出几个问题,并在提示回答是否正确之后,会显示总分数和平均分数。

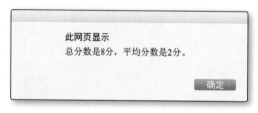

这是一个能夸奖所有题目都答对的人的程序。

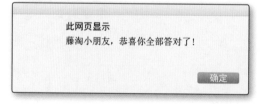

都给我记住啊!
这可是我无论如何都不能全
部答对的小测验程序!

函数是什么

● 按学科使用函数

首先，试着考虑让各个学科的程序都变得更紧凑、流畅。算术题目是如下的程序。

```
sansu.js
  var seikai = 0; // 声明变量
  var kotae = prompt("7 × 35 = ", "");
  if (kotae == 245) {
    alert("回答正确！");
    seikai = seikai + 1; // 答对题目时就加1
  } else {
    alert("很遗憾！");
  }


  var kotae = prompt("112 - 53 = ", "");
  if (kotae == 59) {
    alert("回答正确！");
    seikai = seikai + 1; // 答对题目就加1
  } else {
    alert("很遗憾！");
  }
  tensu[0] = seikai; // 保存分数
```

提出问题后会显示"回答正确！"或者"很遗憾！"，这个跟答案互动的逻辑是所有题目的共通部分。先把这个总结成函数吧。

mondai.js

```
function mondai(question, answer) {
  var kotae = prompt(question, "");
  if (kotae == answer) {
    alert("回答正确！");
    return true;
  } else {
    alert("很遗憾！");
    return false;
  }
}
```

首先，制作一个名为 mondai.js 的程序。在这里，如果回答正确返回 true，回答错误返回 false。利用这个返回值来判断回答是否正确。

接着，如果回答正确就必须把答对数量增加 1。制作出如果是 true 就增加 1 的程序 sansu2.js。

sansu2.js

```
var seikai = 0; // 声明变量
if (mondai("7 × 35 = ", 245) == true) {
  seikai = seikai + 1; // 答对题目就加1
}
if (mondai("112 - 53 = ", 59) == true) {
  seikai = seikai + 1; // 答对题目就加1
}
tensu[0] = seikai; // 保存分数
```

● 让函数更简洁

使用函数，还有让这个程序变得更加简单的方法。

mondai.js

```
function mondai(question, answer) {
  var kotae = prompt(question, "");
  if (kotae == answer) {
    alert("回答正确！");
    return 1; // 回答对则返回1
  } else {
    alert("很遗憾！");
    return 0; // 回答不对则返回0
  }
}
```

回答对的时候返回值为 1，回答不对的时候返回值为 0。然后，制作一个程序将 mondai(question, answer) 返回值加到变量 seikai 中。每回答对一回就增加 1，回答不对则不会增加。

sansu2.js

```
var seikai = 0; // 声明变量
seikai = seikai + mondai("7 × 35 = ", 245);
seikai = seikai + mondai("112 - 53 = ", 59);
tensu[0] = seikai; // 保存分数
```

函数是什么

159

● 让所有的学科题目都简洁起来

同样地改写语文、科学、社会的程序。但算术题目都只有一个答案，它的程序不适用于其他学科。在这里，我们以有两种答案的语文程序为例，进行重新编写。

语文程序 kokugo.js 的最初问题是这样的。

此网页显示

"芬兰"的读音是什么？

确定   取消

不论是回答"fenlan"还是"FENLAN"都需要认为是正确回答。

如果问我读音,我肯定会用小写回答的。

因此，在两个答案都正确的情况下，向 mondai.js 里追加函数 mondai2(question, answer1, answer2)。

在 mondai2(question, answer1, answer2) 中利用 if 语句在变量 kotae 是 answer1 或者是 answer2 时都显示"回答正确！"。

mondai.js
```
function mondai(question, answer) {
  var kotae = prompt(question, "");
  if (kotae == answer) {
    alert("回答正确！");
    return 1; // 回答对则返回1
```

函数是什么

```
    } else {
      alert("很遗憾！");
      return 0; // 回答不对则返回0
    }
}


function mondai2(question, answer1, answer2) {
  var kotae = prompt(question, "");
  if (kotae == answer1 || kotae == answer2) {
    alert("回答正确！");
    return 1; // 回答对则返回1
  } else {
    alert("很遗憾！");
    return 0; // 回答不对则返回0
  }
}
```

利用这个函数来重写各个学科的程序。

kokugo2.js

```
var seikai = 0; // 声明变量
seikai = seikai + mondai2(""芬兰"的读音是什么？", "fenlan",
"FENLAN");
seikai = seikai + mondai(""细鱼"的读音是什么？", "xiyu","XIYU");
tensu[1] = seikai; // 保存分数
```

接着重写科学和社会两门学科的程序。

函数是什么

```
rika2.js
  var seikai = 0; // 声明变量

  seikai = seikai + mondai2("昆虫有几只脚？", "6", " 6");

  seikai = seikai + mondai2("光合作用时吸收空气中的二氧化碳，释放○○。
  ○○是什么呢？", "氧气", "氧");

  tensu[2] = seikai; // 保存分数
```

```
shakai2.js
  var seikai = 0; // 声明变量

  seikai = seikai + mondai2("北海道的县政府所在地是哪里呢？", "札幌",
  "zhahuang");

  seikai = seikai + mondai("日本最高的山是哪座山？", "富士山");

  tensu[3] = seikai; // 保存分数
```

将调用程序改写后，做成 newquiz2.html 文件就完成了。

```
newquiz2.html
  <html>

    <script src="hairetsu.js"></script>

    <script src="konichiwa.js"></script>

    <script src="mondai.js"></script>

    <script src="sansu2.js"></script>

    <script src="kokugo2.js"></script>

    <script src="rika2.js"></script>

    <script src="shakai2.js"></script>

    <script src="goukei.js"></script>

    <script src="zenmonseikai.js"></script>

  </html>
```

hairetsu.js、konichiwa.js、goukei.js、zenmonseikai.js 这四个文件和第
4 章第 127 页后介绍的内容完全相同。

使用函数将程序缩短不少呀!

La La La

熟练掌握了函数，就可
以自由自在地编程啦。

函数是什么

5.5 让程序容易理解

不管程序是怎么编写的，只要逻辑是正确的，计算机就完全不在乎。追求"容易理解"的是人。因为程序一般是给大家阅读的。

● 为什么必须简洁易懂

如果使用函数，就能够将程序写得简短而易懂。但是并不会有很夸张的效果出现。

在计算机刚发明的年代，将 10 行程序改成 3 行却会得到很大的好处。因为那时机器几乎没有什么效率，越短的程序就能用越短的时间处理完成。

但是现在的计算机已经没有这方面的顾虑了。至少本书中所说明的程序，不管怎么编写，在处理时间上都不会有太大的差异。

例如，写了下面这样的程序。

```
fukuzatsu.js

var n = prompt("你的名字是什么？ ", ""); while (true) {
var k = prompt("3.14 * 2 =", ""); if (k != "6.28") { alert
("回答错误。");
continue; } alert("回答正确。"); var k =
prompt("在南半球，圣诞节是在什么季节呢？ ", ""); if (k != "夏") {
alert("回答错误。"); continue; } alert("回答正确。");
var k = prompt("乐谱中表示暂时停顿的音乐符号是哪个？ ", "");
if (k != "休止符") { alert("回答错误。"); continue; } alert("回
```

```
答正确。");
var k = prompt("夏季大三角中除了织女星和天津四，还有哪个星座？", "");
if (k != "牛郎星") { alert("回答错误。"); continue; } alert("回
答正确。");
var k = prompt("2020年奥运会的举办地在哪里？", "");
if (k != "东京") { alert("回答错误。"); continue; } alert("回答
正确。");
break; } alert("恭喜！ 全部回答正确！"+ n + "小朋友，你太厉害了。");
```

总觉得乱七八糟的吧。说"能明白"的人也许会有，不过这个程序怎么看都觉得是很复杂难懂的程序呢。

fukuzatsu.html

```
<html>
  <script src="fukuzatsu.js"></script>
</html>
```

其实，这个程序和到目前为止制作的程序是一样的，都是小测验程序。

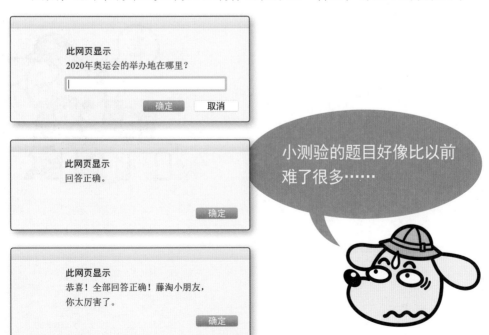

小测验的题目好像比以前难了很多……

函数是什么

看了这个程序你就会明白，制作程序只要遵守编码规则，怎么编写都可以。

虽说编写成很难读懂的程序是非常不好的，但是计算机并不会介意程序是简洁短小，还是又乱又难懂。要求必须写得简洁易懂是为了阅读程序的人。

程序变大了就不能靠一个人编写了，需要大家一起来制作。如果大家一起编写，就不能"程序只有自己一个人明白就行"。

这就是像公司、开发团队会制定出编码规则，大家会尽可能地采用同样的规则来编程的原因。

刚才那个很难懂的程序，如果修改了换行、缩进（在行首加入空格）、将变量名称改得有意义，马上就能变成简洁易懂的程序。

kantan.js

```javascript
var tento = prompt("你的名字是什么？", "");
while (true) {
    var keisan = prompt("3.14 * 2 =", "");
    if (keisan != "6.28") {
      alert("回答错误。");
      continue;
    }
    alert("回答正确。");


    var kisetsu = prompt("在南半球，
圣诞节是在什么季节呢？", "");
    if (kisetsu != "夏") {
      alert("回答错误。");
      continue;
    }
```

第 5 章

函数是什么

```
    alert("回答正确。");


    var ongaku = prompt("乐谱中表示暂时停顿的音乐符号是哪个？", "");
    if (ongaku != "休止符") {
        alert("回答错误。");

        continue;

    }
    alert("回答正确。");


    var seiza = prompt("夏季大三角中除了织女星和天津四，还有哪个星座？",
"");
    if (seiza != "牛郎星") {
        alert("回答错误。");

        continue;

    }
    alert("回答正确。");


    var sports = prompt("2020年奥运会的举办地在哪里？", "");
    if (sports != "东京") {
        alert("回答错误。");

        continue;

    }
    alert("回答正确。");

    break;

}
alert("恭喜！ 全部回答正确！ "+ tento + "小朋友，你太厉害了。");
```

顺便提一下，下面是 kantan.js 的一个语句。

> keisan != "6.28"

它表示"如果变量 keisan 的值和 6.28 不一样"的意思（参见第 41 页）。

这个程序使用了 while(true) 语句，做成一个无限循环。回答正确就会继续下一题目，回答错误就会执行 continue 语句，永远都不会结束。

多么刁难人的程序呀！

● 使用函数让程序简洁易懂

使用函数能够让刚才的程序变得更加简洁易懂。为了改写程序，需要了解这是一个什么样的程序。

不是计算机而是人在思考，所以必须要整理好程序流程啊。

sukkiri.js

```javascript
/* 出题程序 */
function mondai(mondaibun, kotae) {
  var answer = prompt(mondaibun, "");
  if (answer != kotae) {
    alert("回答错误。");
    return false;
  }
  alert("回答正确。");
  return true;
}
```

函数是什么

```
/* 5道题目 */
var tento = prompt("你的名字是什么？", "");
while (true) {
    if (mondai("3.14 * 2 = ", "6.28") == false ||
        mondai("在南半球，圣诞节是在什么季节呢？", "夏") == false ||
        mondai("乐谱中表示暂时停顿的音乐符号是哪个？", "休止符")
        == false ||
        mondai("夏季大三角中除了织女星和天津四，还有哪个星座？", "牛郎星")
        == false ||
        mondai("2020年奥运会的举办地在哪里？", "东京") == false) {
        continue;
    }
    break;
}
alert("恭喜！全部回答正确！"+ tento + "小朋友，你太厉害了。");
```

出题程序归纳总结成函数 mondai(mondaibun, kotae)，实际的题目和答案都通过参数传递进去。

HTML 变成下面这样了。

sukkiri.html

```
<html>
    <meta charset="UTF-8" />
    <script type="text/javascript" src="sukkiri.js"></script>
</html>
```

函数是什么

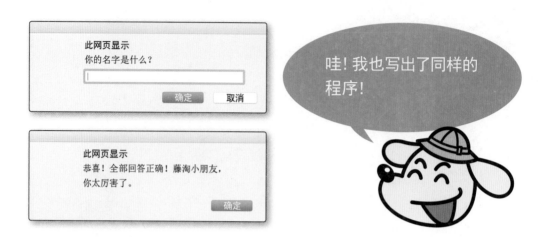

把最初乱糟糟，看似很复杂的程序重新改写成简单易懂的，然后再利用函数进行了整理。

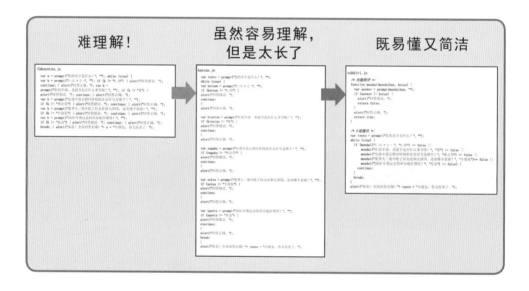

程序不是编写出来就可以了，还必须要检查有没有错误。这种时候也是简洁易懂的程序更不容易出错。

乱糟糟的程序读起来很麻烦。写成几千行、几万行的长程序就更难以理解了。分解出函数，加入缩进，起有意义的变量名等方法就可以减少错误，制作出"好的程序"。

接下来介绍变量的
"作用域"哦！

函数是什么

第6章

全局变量和局部变量

变量也有作用域

　　本书已经使用了多次变量。但是如果不好好考虑就随便使用变量，就会落入意想不到的陷阱中。我们错误地使用了变量，可计算机并不会发出"变量使用错误"的信息来提醒我们。为什么会这样呢？因为在那里使用变量在语法上也是正确的。但是我们所想的是"这种意思"，变量却没有按照我们的想法去执行出相应的结果。

　　这种时候就需要我们人为地进行区别判断了。全局变量和局部变量就属于这种情况。换句话说，在内容被改写而导致含义改变的情况出现时，我们需要换用其他的变量。

　　另外，JavaScript 的优点在于浏览器会告诉我们出现了什么错误。下面介绍查看错误的方法。

藤淘君的第六天：

什么是全局变量？

变量主要分为全局变量和局部变量两种。

- 全局变量
- 局部变量

哦！

全局指的是世界的、全体的意思。

全局变量在程序的任何位置都可以使用。

【global】
…世界的，全体的

编程时，可以在程序的所有地方使用全局变量。

全世界！

啊……说的是，是全局变量！！

全世界的，那就是海盗啦……

全世界！

唉，彻底不想再多说了……

全世界！！

全球！！

6.1

变量

似乎没有变量就编不了程序似的，本书中出现了许多变量。在 JavaScript 中确实是不使用变量就什么都做不了。关于变量，我们需要重新认识一下。

● 再认识一下变量吧！

变量就是内容会发生变化的数据。在本章中我们会看到变量也有不同的种类。

先从简单的程序说起。

```
jikoshokai.html
<script>
    var name = prompt("你的名字是什么？");
    confirm(name + "，这样称呼你可以吗？");
    alert("你好！" + name + "小朋友");
</script>
```

这里的 name 就是变量。这是把赋值给变量 name 的内容用 alert 语句显示出来的程序。

在这个范例里我们填入的名字是藤淘，当然也可以填入铃木、佐藤等。

可以往变量里设定喜欢的名字哦！

● 使用变量的程序

接下来，我们来看一个前一章中出现过的范例。

```
tasu.js
function tasu(A, B) {
  return A + B;
}
```

在这个例子中，首先声明函数 tasu(A, B)，在函数中参数 A 和 B 进行加法运算，然后通过 return 语句返回相加结果。

这个时候，参数 A 和 B 也都是变量。

```
suuji.html
<html>
  <script src="tasu.js"></script>
  <script>
    C = tasu(5, 2);
    alert("5 + 2 = " + C);
  </script>
</html>
```

此网页显示
5 + 2 = 7

确定

变量 C 里是 5 + 2 的相加结果 7，然后通过 alert("5 + 2 = " + C) 语句显示出来。

如果所有的计算都这么简单就好了。

再从其他程序中调用函数 tasu(A, B)。

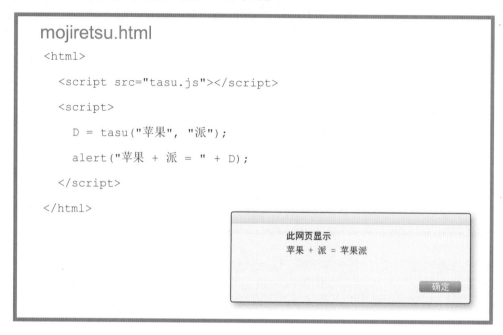

```
mojiretsu.html
<html>
  <script src="tasu.js"></script>
  <script>
    D = tasu("苹果", "派");
    alert("苹果 + 派 = " + D);
  </script>
</html>
```

此网页显示
苹果 + 派 = 苹果派

确定

变量 D 里是字符串"苹果"和"派"连接成的"苹果派"，然后通过 alert(" 苹果 + 派 = " + D) 语句显示出来。

像这样，数字或者字符串都可以赋值给变量 A 和 B。

和计算是同样的处理流程，
字符串也可以表示出来！

6.2

使用全局变量

虽说变量可以自由地使用，但是如果使用的场所弄错了，就不能得到期望的执行结果。变量分为全局变量和局部变量两种类型，我们首先来了解全局变量吧！

● 声明变量

下面的程序和前一节中的 tasu.js 程序的不同之处在于：变量 C 在函数之前就声明了。

```
tasu2.js
var C; // ★在这里声明
function tasu(A, B) {
  C = A + B;
}
```

制作了调用程序 suuji2.html。

```
suuji2.html
<html>
  <script src="tasu2.js"></script>
  <script>
    tasu(5, 2);
    alert("5 + 2 = " + C);
```

```
    </script>
</html>
```

这个程序的执行结果和前一节中的 tasu.js 和 suuji.html 的执行结果完全一样。都表示了 5 + 2 的计算结果就是 7。

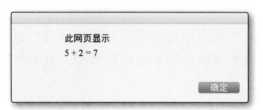

● 全局变量

比较两组程序发现，tasu2.js 和 suuji2.html 没有使用 return 语句获取函数 tasu(5, 2) 的返回值。而是在 alert("5 + 2 = " + C) 语句中突然就使用了变量C。

这个变量 C 就是在 tasu2.js 文件的最初通过 var C 语句声明的变量。

tasu2.js
```
var C; // ★ 在这里声明
function tasu(A, B) {
    C = A + B;
}
```

suuji2.html
```
<html>
    <script src="tasu2.js"></script>
    <script>
        tasu(5, 2);
        alert("5 + 2 = " + C);
    </script>
</html>
```

如果提前声明了变量 C，并在函数 tasu(A, B) 中计算出答案，那么在程序的任何地方都可以使用变量 C 中的值，这可真是非常方便。比如制作游戏的时候，如果把游戏得分、游戏剩余时间等都赋值到变量里，这些信息就能被反复多次利用。例如程序中只需要简单地写个变量 C，就可以利用计算得到的游戏得分等。这样的变量就叫做全局变量。

全局是世界的、全体的意思。全局变量指的就是在程序的任意地方都可以使用它，它在整个程序里都是有效的。

在第 4 章计算平均分数的时候，也利用了事先声明的数组，也可以说使用了事先准备的变量。那是使用全局变量的一个范例。

使用全局变量非常方便，但是必须注意使用方法。

● **使用全局变量要注意哦**！

在任意地方都可以引用全局变量，它的使用是非常方便的，但使用时却要十分小心。正因为在任意地方都可以使用，它的值在任何地方都有可能被改写。

比如，下面这个例子。

```
hiku.js
var C;
function hiku(A, B) {
  C = A - B;
}
```

首先，在 hiku.js 文件里准备好减法运算函数 hiku(A, B)，然后在 suuji3.html 文件里读入了该文件。

```
suuji3.html

<html>

  <script src="tasu2.js"></script>

  <script src="hiku.js"></script>

  <script>

    tasu(5, 2);

    hiku(10, 5);

    alert("5 + 2 = " + C);

    alert("10 - 5 = " + C);

  </script>

</html>
```

这个程序读入了之前制作的 tasu2.js 和刚刚制作的 hiku.js。

我们试着执行这个程序，就会看到加法的结果是 5，减法的结果也是 5。

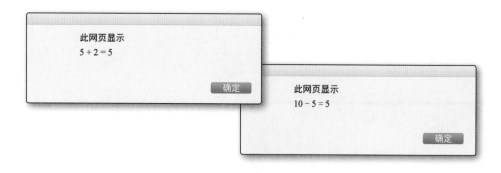

此网页显示
5 + 2 = 5
确定

此网页显示
10 - 5 = 5
确定

5+2 等于 5？
这不是骗人吗！！！

这是因为在 tasu2.js 和 hiku.js 中都使用了同一个变量 C 的缘故。由于后一次的赋值覆盖了前一次的赋值，所以 hiku.js 文件中的赋值结果被显示出来了。那么，我们来解决这个问题吧。

hiku2.js
```
var D;
function hiku2(A, B) {
  D = A - B;
}
```

重新声明新的变量 D，保存成 hiku2.js 文件。执行下面的程序。

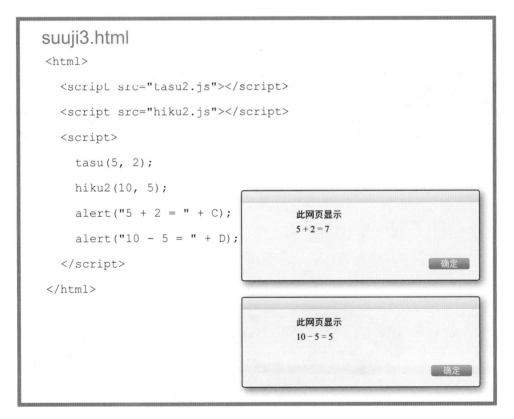

suuji3.html
```
<html>
  <script src="tasu2.js"></script>
  <script src="hiku2.js"></script>
  <script>
    tasu(5, 2);
    hiku2(10, 5);
    alert("5 + 2 = " + C);
    alert("10 - 5 = " + D);
  </script>
</html>
```

此网页显示
5 + 2 = 7
确定

此网页显示
10 - 5 = 5
确定

这样就显示出加法结果是 7，减法结果是 5 了。

全局变量和局部变量

● 经常出现的错误！

顺便说一下，我们在写源代码的时候很容易犯下面这种错误。

```
hiku2.js
var D;
function hiku2(A, B) {
  C = A - B;
  D = C;
}
```

同样准备了变量 D，而且把值从变量 C 赋值给了变量 D。

如果这样执行，就会发现加法和减法的运算结果都还显示是 5。

这是当然的了。因为 10-5 的减法结果先是赋值给了变量 C，然后才转移给了变量 D，所以变量 C 的值也就变成 5 了。

这种情况下，尽量不要再次使用已经在其他函数中用到的变量 C 了。

全局变量和局部变量

6.3 使用局部变量

在全局变量不能很好地发挥作用的情况下，我们就需要使用局部变量了。"全局"和"局部"到底指的是什么？在某种情况下到底应该使用哪种比较好呢？

● 全局变量的缺点

全局变量使得信息的再利用变得简单方便，但同时也容易在意想不到的地方被改写内容，所以在使用上要格外小心谨慎。

编程时不小心谨慎不行吗？

当然也有不用担心就能使用的变量，那就是局部变量。

● 局部变量

局部的英语表达就是 local，意为地方的、当地的、本地的。与全局的意思正好相反。

在编程语言中，局部是指在某个函数中等指定范围的里面。简单来说，局部变量指只能在函数里使用的变量。我们来看一个具体的例子。

```
local.js
function local() {
    var hensu = "变量";  // 变量hensu在函数local()中声明
    alert(hensu);  // 在函数local()中显示变量hensu的值
}
```

```
local.html
<html>
  <script src="local.js"></script>
  <script>
    local();
  </script>
</html>
```

和以前制作的 tasu2.js 文件的最大不同在于变量 var 的声明位置。你们注意到变量声明是写在函数 local() 语句的后面了吧。因为是在函数 local() 里面声明的变量，所以它的作用域也只有这个函数 local()。这就叫作局部变量（事实上到目前为止使用的变量大部分都是局部变量）。

● 就算变量名称一样……

让我们看一个比较特殊的例子。

```
locallocal.js
function local() {
    var hensu = "变量";  // 变量hensu在函数local()中声明
    local2();  // 在函数local()中调用函数local2()
```

```
    alert(hensu); // 在函数local()中显示变量hensu的值

}

function local2() {

    var hensu =  "第二个变量"; // 变量hensu在函数local2()中声明

    alert(hensu); // 在函数local2()中显示变量hensu的值

}
```

local.html

```html
<html>

    <script src="locallocal.js"></script>

    <script>

        local();

    </script>

</html>
```

上面的程序里使用了同样名字的变量 hensu。在函数 local() 中虽然调用了函数 local2()，但是"变量"和"第二个变量"都正常地显示出来了。

这是因为函数 local() 中的 hensu 和函数 local2() 中的 hensu 是两个不同的局部变量。

全局变量和局部变量

● 如何灵活使用

全局变量和局部变量在各种情况下如何区分使用是非常困难的。就像到目前为止看到的那样，这两种变量都各有千秋。如果变量使用错误就会使程序出现莫名其妙的故障。反过来说，如果程序能正常执行，那么无论使用全局变量，还是局部变量都没有关系。

下面简单地说说灵活使用的秘诀。

● 局部变量的作用域

局部变量就像只能在熟人之间使用的数字、字符的变量。

比如跟一起生活的哥哥提到去"拉面店"，就一定是指附近的那家，两个人都曾经去过的拉面店。就算是理解错了，也不可能说的是几百公里外的小镇上，只有自己去过的那间拉面店。

局部变量即使是相同的名称，其内容也会不一样。之所以能够让哥哥秒懂"拉面店"，是因为它具备了"附近的""是哥哥和我经常去的店铺"等前提条件的。

相反，全局变量是更为常见、一般的东西。它是和很多人能一起共享的数字、字符的变量。在这种情况下，仅仅说"拉面店"是无法让人明白沟通的。

像月亮和太阳的大小、100 米短跑的世界纪录、日本最高的山、世界上最长的河流等，这些都是大家共同拥有的信息。

在游戏中，角色的生命值、能量值等每个角色的情报常常被设定为局部变量。因为它们是只有在该角色出现的时候才需要的特定信息。

与此相反，游戏的得分、游戏剩余时间等常常被设定为全局变量。这些数值虽然会发生变化，但却是随处都需要的，多次利用的信息。

6.4

查找错误

JavaScript 的一个优点就是不需要特别的运行环境，使用计算机里几乎都安装的浏览器就可以执行程序。在浏览器中就可以非常方便地查找错误。下面就介绍一下具体方法。

● 使用浏览器检查

虽然是计算机运行程序，但程序是人编写出来的，总会存在着错误。JavaScript 程序如果不能正常运行，有一个比较容易查找错误的方法。

```
local2.js
function local() {
  var hensu = "变量"; // 变量hensu在函数local()中声明
}
alert(hensu); // 在函数local()外面显示变量hensu的值
```

这个程序如果能正常执行，就应该显示出字符串"变量"。

试着制作 local.html 吧。

```
local.html
<html>
  <script src="local2.js"></script>
  <script>
    local();
  </script>
</html>
```

运行该程序，结果却是这样的。

是全白的
啊！！！！

出现全白是因为发生了错误。让我们查找一下错误在哪里吧。

首先，把鼠标指针移动到屏幕中间，单击鼠标右键（Mac 用户按下"Ctrl"键的同时单击鼠标右键），屏幕上会弹出一个菜单。

全局变量和局部变量

选择菜单中的"检查"选项。

返回(B)	Alt+向左箭头
前进(F)	Alt+向右箭头
重新加载(R)	Ctrl+R
另存为(A)...	Ctrl+S
打印(P)...	Ctrl+P
投射(C)...	
翻成中文（简体）(T)	
查看网页源代码(V)	Ctrl+U
检查(N)	Ctrl+Shift+I

计算机就会检查页面的内容，告诉我们显示成全白的理由。

local.html 为什么会显示成空白的页面呢？看到红色字体的提示应该就明白了。

懂英语的人能理解上面的提示信息，英语不太好的人也有懂的吧。

at local2.js:4

上面的提示指的是"local2.js 文件的第 4 行里有错误"。

如果懂一点英语，就能从"Uncaught ReferenceError:hensu is not defined"这句话中了解到出错的原因。这句话翻译成中文就是"未捕捉的引用错误：hensu 没有被定义"，也就是说"没有找到变量 hensu"。

函数 local() 里虽然有变量 hensu 声明，但是如果在函数 local() 的外面想使用变量 hensu，就会报出"没有这个变量"的出错信息。这就是局部变量的特征。

浏览器里面一般都有像这样解析网页、排查故障的工具。这里是因为使用了 Chrome 浏览器，所以出现的画面是这样的。

专栏

捉虫子

有一个词语叫捉虫子（排查故障）。它指当某个程序出现错误的时候，找出错误原因并进行修正的过程。英语写作"debug"。这个单词中的"bug"指的是"虫子"。

很久以前，计算机的体积有整个屋子那么大的时候，发生了故障，原因是虫子（蛾子）飞进了计算机里。从那之后，我们就将排查计算机故障称作"捉虫子"。

将卡着的虫子消灭掉，计算机就正常运行了啊！

第 **7** 章

用JavaScript
做很多事

改变网页

　　到目前为止，介绍了大部分编程语言所具有的概念。如果你掌握了这些知识，那么不仅 JavaScript，其他语言（C 语言、Java、Peal 等）的学习也都可以不用从零开始了。

　　在本章中，主要讲解的是 JavaScript 特有的知识。因为 JavaScript 是一种能够自由处理网页中出现的字符、图像等内容的语言。而且 JavaScript 仅仅需要浏览器（基本上所有的计算机、手机里都预装了的，可用于浏览网页的软件）的支持即可。使用 JavaScript 来进行网页的改造吧！

藤淘君的第七天:
神偷侠客藤淘君

7.1 改变图像的大小

使用 JavaScript 可以改变已经决定好的 CSS。这里只介绍将图像放大的方法，但因为能改变风格，所以颜色、字符形状（字体）等都可以用同样的方法来进行改变。

● 在页面上显示图像

简单地复习一下 HTML ／ CSS 吧。

在页面上显示藤淘君的图像 (tento.png)。当然也可以不用藤淘君的图像，换成任何你喜欢的图像或者照片。

```
tento.html
<html>
  <head>
    <title>是藤淘君！</title>
    <style>
      h1, div {
        text-align:center;
      }
    </style>
  </head>
  <body>
    <h1>是藤淘君！</h1>
```

```
      <div><img src="tento.png"></div>
    </body>
  </html>
```

被 <style>…</style> 标签括起来的是改变页面外观的部分 (CSS)，源代码是下面这样的，所以显示在页面上的标签 h1 和 div 是水平居中的。

```
h1, div {
    text-align:center;
}
```

想要改变页面设计的时候，可以改写 HTML 和 CSS。

● 制作按钮

接下来，试着把这里显示的藤淘君图像扩大吧。首先，在页面内做出一个放大的按钮。显示按钮的 HTML 源代码如下：

```
<button>放大</button>
```

这样，按钮就可以出现在页面之中。但实际上这个按钮……

按下按钮，怎么什么反应都没有啊！！！

由于还没有给按钮添加功能，所以即使按下按钮也不会有任何反应。于是我们需要加入"按下按钮就可以将藤淘君变大"的内容。为了便于说明，在 JavaScript 里使用 \<script\> 标签来添加逻辑。

```
tento.html
<html>
  <head>
    <title>放大</title>
    <title>是藤淘君! </title>
    <style>
        body{
```

```
          text-align:center;
        }
      </style>
      <script>
      function big() {
          document.getElementById("gazo").style.width = "400px";
        }
      </script>
    </head>
    <body>
      <h1>是藤淘君！</h1>
      <div><img id="gazo" src="tento.png" style="width:200px;">
      </div>
      <br>
      <button onClick="big()">放大</button>
    </body>
  </html>
```

● 添加事件启动时机

首先看一下 button 标签。

> **<button onClick="big()" >放大</button>**

onClick 是指"对象被点击"的意思，所以 button 标签中写的就是"按钮被按下后就调用函数 big()"。

onClick 这类东西被称为事件句柄（EventHandler），描述事件启动的时机。在这个例子中，点击按钮就是"藤淘君图像放大"事件的启动时机。

除了上例中的 onClick，事件句柄还有"拖动 & 放开""键盘按键压下""鼠标指针移动"等很多种类。想知道更多内容的人请试着检索"JavaScript 事件句柄"。

试试把onClick换成onMouseOver（鼠标指针移动到对象上）、onMouseMove（鼠标指针移动）。事件（将图像放大）就会经常被启动，很讨厌的哦！

各种各样的事件句柄

onSelect	选择文本
onLoad	页面载入
onKeyPress	按下键盘的按钮
onMouseOver	鼠标指针移动到目标对象上
onMouseMove	鼠标指针移动
onDrag	拖动目标对象

还有很多种类的事件句柄，可以去查查哦。

● 获取指定ID属性值的元素

另一个新出现的方法是：在 script 标签中的 document.getElementById。

到前一节为止，我们经常使用alert 语句，它是"打开一个显示窗口"的方法。document.getElementById方法简单地讲就是指"获取指定 ID 属性值的元素"。

只有明白了这些方法才能比较容易地理解程序，所以稍微说明一下。

document.getElementById 中的 document 指的是 "整个页面"。也就是

"在整个页面里的所有对象"（关于这一点，将在下节详细说明）。

get 是"取得""获得"的意思。那么要取得什么呢？要取得的就是 Element。

单词 Element 是指"元素"。你可能在想为什么要用这么难的词语呢？事实上，Element 就是指 HTML 的标签。h1 标签和 p 标签又被称作"h1 元素"和"p 元素"。说"h1 标签"也好，说"h1 元素"也好，叫法虽然不同，但含义是完全一样的。在这里我们常常使用"元素"这种叫法。

虽说 tag（标签）和 element（元素）是相同的，但是写成 gettag 可不行。

描述这张能改变大小的藤淘君图像的 img 标签中，有两种新的记述。

```
<img id="gazo" src="tento.png"  style="width:200px;">
```

一个是 id="gazo"。这里的 id 指 ID，是 identification（身份证明）的缩写。但在 JavaScript 中 id 仅仅表示"名字"。

图像文件 tento.png 被赋予了 gazo 这个名字。当然，id 是可以自由命名的，所以不叫 gazo，叫 tento、inu、dog 都行，可以换成任何你喜欢的词语。

综上所述，document.getElementById("gazo") 简单地说就是"把名叫 gazo 的元素取过来"。

用 JavaScript 做很多事

把指定 ID 属性值的元素拿过来！
document.getElementById

另外，style="width:200px;" 决定了页面中显示的藤淘君图像的大小（准确是指宽度）。图像的宽度显示成 200px（像素）那么宽。

综上所述，下面的语句是指 "将 ID 为 gazo 的图像的宽度设置为400px"。

```
document.getElementById("gazo").style.width = "400px";
```

也就是说将图像的宽度改变为原来的两倍。由于没有特别指定，图像宽度变为原先的两倍时，其长度也会变为原来的两倍。这就是按下按钮所发生的变化。

需要注意的是，在 HTML 的标签里的源代码表达是：

```
style="width:200px;
```

而在 JavaScript 里的源代码是：

```
style.width = "200px";
```

请大家注意这个不同点。

嗯嗯…是不一样啊!

千万要注意 JavaScript 的源代码不能像 HTML 那样写啊!

　　顺便说一下,这个程序里面没有"缩小"的按钮,所以一旦把图像放大后就不能再复原了。可以再次双击打开 tento.html,也可以按下"F5"按键重新载入页面。

　　为了练习,你们可以试着添加一个"缩小"按钮。

这是可以把藤淘君变大的程序哦!

第 **7** 章

用 *JavaScript* 做很多事

201

7.2 简化程序

在上节中用到了 document.getElementById("gazo") 语句。这种长语句如果只写一回也还好，要是写很多回，那可真是太麻烦了。JavaScript 提供了"能轻松编程"的构架来让事情简化。

● 使用变量ookii

我们来制作这样的程序。

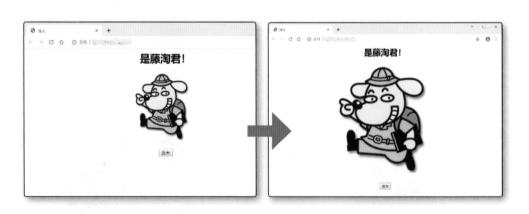

单击页面中的"放大"按钮，藤淘君的图像就会放大。

> 太简单啦！将指定图像的幅宽的数字变大不就行了吗！

正如藤淘君说的那样。在前一节中制作了将 200px 的图像改为 400px 的程序。这回我们试着制作一个单击按钮将图像的宽度变为 600px 的程序。

tento.html

```
<html>
  <head>
    <title>放大</title>
    <style>
    body {
      text-align:center;
    }
    </style>
    <script>
    function big() {
      var ookii;
      ookii = document.getElementById("gazo");
      ookii.style.width = "600px";
    }
    </script>
  </head>
  <body>
    <h1>是藤淘君！</h1>
    <div><img id="gazo" src="tento.png" style="width:200px;">
    </div>
    <br>
    <button onClick="big()">放大</button>
  </body>
</html>
```

用 JavaScript 做很多事

这个程序和前一节中的程序在书写上有一点变化。不同的内容就是：

```
var ookii;
ookii = document.getElementById("gazo");
ookii.style.width = "600px";
```

我们声明了变量 ookii，给它赋值为 document.getElementById ("gazo")。然后再改变 ookii 的样式。像 document.getElementById("gazo"); 这种写法，在这个程序里仅使用了一次。但如果程序变长，根据情况有时也需要反复多次执行 document.getElementById("gazo"); 语句。那个时候就必须把这个语句写很多遍。

而如果我们把 document.getElementById("gazo") 的值赋值给变量 ookii，后面就可以直接使用变量 ookii 了。

> 能用这种更简便的方式写程序哦！

> document.getElementById 这种长代码真不想多写啊。

● 指令的书写方法

上文范例中的 document.getElementById("gazo") 语句，就是"把名叫 gazo 的元素取过来"的意思。那么从哪个范围里取呢？这里是从 document 里取，也就是从整个页面里取。我们把带有方法的东西称为对象（object）。对象有很多种类，下面的这两大类经常被用到。

- document
- 表示窗口全体的window对象

document 是指整个页面，window 是指整个窗口。你可能觉得用词虽然不一样，但指同样的事物。其实大不相同。下面给大家举例说明。

在本书的最开始，有这样的一段源代码。

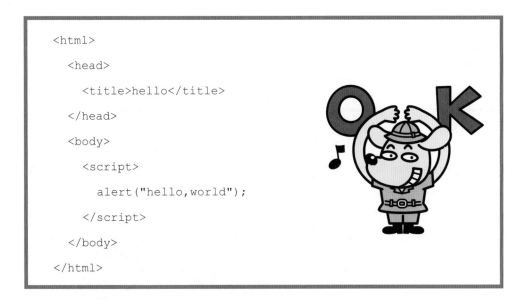

```
<html>
  <head>
    <title>hello</title>
  </head>
  <body>
    <script>
      alert("hello,world");
    </script>
  </body>
</html>
```

执行这段源代码，会弹出下图这样的 alert 窗口。

实际上，alert 是 window.alert 的缩写。所以写成下面这样的源代码，也能显示出同样的执行结果。

```
<html>
  </head>
    <title>hello</title>
  </head>
  <body>
    <script>
      window.alert("hello,world");
    </script>
  </body>
</html>
```

window. 是指重新弹出一个包含"关闭标记"的"窗口本身"。document. 是指整个页面，不弹出新的窗口，只在页面中发生一些变化。

原来如此，两者果然大不相同呢！

另外，window. 是可以省略不写的。prompt 和 confirm 分别是 window.prompt 和 window.confirm 省略掉 window. 的写法。虽然对象（object）有很多种类，但最常见的还是 document 对象和 window 对象。

7.3 改换图像

我们使用 JavaScript 已经能够让图像和字符的大小、颜色等发生变化。JavaScript 还提供了更强大的功能来"改换页面显示的图像""让页面呈现出完全不同的内容"。

● 藤淘君说话了

我们试着制作这样的程序吧。用鼠标点击藤淘君的图像后……

会弹出一个提示框，显示"请讲！"。

js 文件和 HTML 文件分别是这样的。

shaberu.js

```
var mouse;


window.onload = function() {
  ite();
};


function ite() {
  mouse = document.getElementById("tento");
  mouse.onclick = function() {
    alert("请讲！");
  };
}
```

tento.html

```
<html>
  <head>
    <title>点击我吧！</title>
    <script type="text/javascript" src="shaberu.js"></script>
    <style>
      body {
        text-align:center;
      }
    </style>
  </head>
  <body>
```

```
    <h1>点击我吧！</h1>
    <div><img id="tento" src="tento.png" ></div>
  </body>
</html>
```

出现了好几个新的语句，赶紧说明一下。

js 文件中出现了这个源代码。

```
window.onload = function() {
    ite();
};
```

onload 的意思是"页面被加载后"。

HTML 一般都是从上向下依次处理的。因此当执行到 HTML 中间写有读取 shaberu.js 文件的语句时，js 文件就会被全部读入。但是在这种场合，为了防止发生 js 文件全体顺序地读入并运行（想让藤淘君的图像出现后再弹出提示窗口）而使用了 window.onload。和大多数 window 对象一样，window. 被省略了。

```
window.onload = function() {
    处理
};
```

我们要记住这个语句形式。当所有的 HTML 表示完成后（页面加载完毕后），函数 ite() 才可以使用。

函数 ite() 的内容和前面说过的一样。首先是通过 getElementById("tento") 获取名为 tento 的图像，然后赋值给变量 mouse。点击 mouse（onclick 事件）就会弹出写有"请讲！"的提示窗口。

不要用鼠标在人家的脸上点来点去的！

用 JavaScript 做很多事

● 改换图像的程序

接下来我们试着使用同一个程序来改变藤淘君的表情。点击藤淘君的图像后……

藤淘君的表情发生变化。如下图：

shaberu.js

```
var mouse;


window.onload = function() {

    ite();

};
```

用 JavaScript 做很多事

```
function ite() {
  mouse = document.getElementById("tento");
  mouse.onclick = function() {
    mouse.src = "naki.png";
  };
}
```

tento.html

```
<html>
  <head>
    <title>点击我吧！</title>
    <script type="text/javascript" src="shaberu.js"></script>
    <style>
    body {
      text-align:center;
    }
    </style>
  </head>
  <body>
    <h1>点击我吧！</h1>
    <div><img id="tento" src="tento.png" ></div>
  </body>
</html>
```

哭泣脸的文件 naki.png 必须要事
先放在同一文件夹下哦！

用 JavaScript 做很多事

● 改变字符

到现在为止,页面上显示的字符都是"点击我吧!"。我们试着把它改成"不用咔哒咔哒地使劲点击我啊!"。

```
tento.html
<html>
  <head>
    <title>点击我吧! </title>
    <script type="text/javascript" src="moji.js"></script>
    <style>
    body {
      text-align:center;
    }
    </style>
  </head>
  <body>
    <h1 id="moji">点击我吧! </h1>
    <div><img id="tento" src="tento.png" ></div>
  </body>
</html>
```

这回想改变的是字符, 所以给 HTML 的 h1 元素定义了 id 属性。

```
moji.js
var mouse;

window.onload = function() {
  ite();
};
```

```
function ite() {
  mouse = document.getElementById("moji");
  mouse.onclick = function() {
    mouse.innerHTML = "不用咔哒咔哒地使劲点击我啊！";
  };
}
```

因为想改变的是字符串，所以这回点击的不是图像，而是字符串。

像这样，当你想对 HTML 元素给予一些变化时，就用 innerHTML 来标记。

同时，也可以自由地改变字符的颜色和大小等 CSS 里定义的内容。

比如，可以追加 "请轻轻地点击我哦！" 字符串。

也可以改变字符的颜色和大小。

tento.html

```html
<html>
  <head>
  <title>点击我吧！</title>
    <script src="hitokoto.js"></script>
    <style>
    body {
      text-align:center;
    }
    </style>
  </head>
  <body>
    <h1>点击我吧！</h1>
    <p id="hitokoto">请轻轻地点击我哦！</p>
    <div><img id="tento" src="tento.png" ></div>
  </body>
</html>
```

```
hitokoto.js
var mouse;


window.onload = function() {
  ite();
};


function ite() {
  mouse = document.getElementById("hitokoto");
  mouse.onclick = function() {
    mouse.innerHTML = "<p style='color:red;font-size:32px;'>
    请轻轻地点击我哦！</p>";
  };
}
```

也就是说，HTML／CSS 全部都能用 JavaScript 来改变的。

使用 JavaScript 可以让页面发生改变呢。

用 JavaScript 做很多事

制作游戏

使用事件和定时器制作游戏

到目前为止，我们已经掌握了许多 JavaScript 的技巧，一边使用这些技能，一边学习新的知识来制作"打鼹鼠游戏"吧。担当鼹鼠角色的是我们的藤淘君。用鼠标点击藤淘君，就会被认为是"打到了鼹鼠"，游戏得分就会上升。

在此介绍的技巧当然也能应用到其他游戏中。试着制作一个自己的游戏吧。

这个游戏的目的当然是为了让朋友、家人等其他人一起来玩。这里说明了制作方法，但都仅仅讲解在自己计算机中执行的情况。为了能分享给大家，请参看 1.4 节"上传到服务器吧"。

藤淘君的第八天：
制作游戏

8.1

时而出现，时而消失

在创建游戏的时候，大家首先必须要做的是制作设计图。在设计图中，考虑想要什么样的游戏，以及用怎样的架构来实现它。

● 画设计图

到目前为止，我一直在考虑怎样用 JavaScript 程序让计算机动起来。当它们代替人类做数学运算的时候，计算机会发挥巨大的威力。在这里我们试着制作一些让自己开心快乐的东西。对哦，那就制作游戏吧！

如果要制作计算机游戏，首先必须让计算机了解、掌握游戏规则。不管多么简单的游戏都有规则。在石头剪刀布游戏里剪刀赢布是规则，说了不许笑，笑了就输了也是规则。

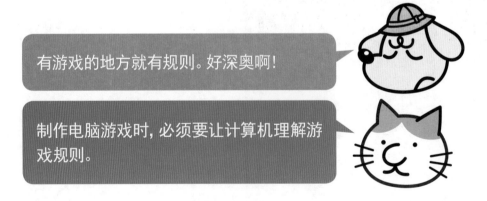

有游戏的地方就有规则。好深奥啊！

制作电脑游戏时，必须要让计算机理解游戏规则。

而且，必须要告诉计算机的是该如何实现呢。

首先试着画出"想制作这样的游戏"的设计图。在计划做什么的时候，必须要有设计图。无论是在建房子的时候，还是组装汽车的时候，都需要设计图纸。事件变得越大越复杂，参与的人就越来越多，就越需要更详细的设计图。

● 打鼹鼠游戏

试着制作藤淘君的打鼹鼠游戏，画了这样的设计图。

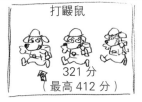

①藤淘君时而出现时而消失。
②用鼠标点击到了就显示"打中了"。
③分数是 1 分 1 分地增加。
④一直显示最高分。
⑤出现速度逐渐加快。

规则就是这些。

①藤淘君时而出现时而消失。

②用鼠标点击到了就显示哭泣表情的图像。

③点击到就相当于打到了鼹鼠，增加 1 分。

④最高分一直显示在画面上。

⑤图像的显示速度越来越快。

打鼹鼠游戏就是用锤子敲打一只时而出洞时而进洞的鼹鼠的游戏。在这里，用鼠标点击一会儿出现一会儿消失的藤淘君图像的形式来模仿。只要能点击到出现的藤淘君，就跟用锤子敲打了鼹鼠一样会得分。

首先制作基础的 HTML 程序，是这样的页面。

mogura.html

```html
<html>
  <head>
    <title> 打鼹鼠 </title>
    <script src="tataku.js"></script>
    <style>
    h1, div {
      text-align:center;
    }
    </style>
  </head>
  <body>
    <h1> 打鼹鼠 </h1>
    <div><img src="tento.png" id="gazo"></div>
  </body>
</html>
```

<style> 标签中用（text-align:center）表示 h1 和 div 要在页面中水平居中显示。

在 tento.png 后添加了 id 属性是 gazo 的内容呢。

现在开始编写 tataku.js 文件中 <script> 标签里的部分，来完成打鼹鼠游戏的制作。

● 时而出现，时而消失

那么，往 tataku.js 文件中写入下面的程序。

```
tataku.js
var tentokun;

window.onload = function() {
  start();
};

function start() {
  tentokun = document.getElementById("gazo");
  tentokun.style.visibility = "hidden";
}
```

如果运行正常，应该出现下面的页面。

哇，我怎么就消失了！

制作游戏

第8章

在前面也提到过很多次了，还是复习一下吧。

```
window.onload = function() {
    start();
};
```

这段程序意味着"窗口被加载后"，也就是说页面所有内容都显示出来后，函数 start() 才被激活执行。函数 start() 的具体内容就接着写在程序后面了。

首先，声明变量 tentokun。使用 document.getElementById 语句来取得 id 属性是 gazo 的对象，也就是 img 标签。

其次，改变变量 tentokun 的 style(类型)。使 visibility 属性(也就是可视性)变成了 "hidden" (隐藏，不可见)，所以藤淘君的图像就看不见了。

如果能隐藏，就一定也有再现的方法吧。

```
tentokun.style.visibility = "hidden";
```

把以上内容变成

```
tentokun.style.visibility = "visible";
```

就能看见藤淘君了。这是因为 style（类型）中的 visibility（可视性）的值变成"visible（可见）"，所以图像就能看见了。

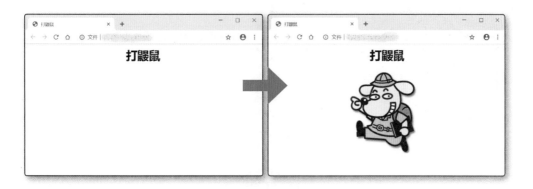

哇!一会儿出现一会儿
消失,跟忍者一样!!

页面显示却和最初
页面一样呢。

制作游戏

8.2 使用定时器

游戏是有时间限制的。现在制作的打鼹鼠游戏也该设置时间限制。使用 setTimeout 这个功能，来决定藤淘君出现以及消失的时机吧。

● 设定定时器

用前一节的方法可以让藤淘君的图像一会出现一会消失。但却不是随意地出现或消失，而是必须由程序一一指定。如果不能自动地随意出现或消失，那就不能成为游戏了。

因此，通过设定时间间隔让藤淘君自动地出现或消失吧。这里用到了被称为"定时器"的功能。所谓"定时器"就像做菜时使用的计量时间的闹钟。

用了定时器很容易做到"蒸五分钟""火上加热 5 分钟"。确实能做出美味的大餐呢!

JavaScript 也有相似的功能。

JavaScript 中使用 setTimeout 来设定定时器。使用方法如下。

setTimeout（想实现功能函数，定时器的时间）

改善一下前一节所写的 tataku.js 吧。

```
tataku.js
var tentokun;


window.onload = function() {
  start();
};


function start() {
  tentokun = document.getElementById("gazo");
  setTimeout(kesu, 3000);
}


function kesu() {
  tentokun.style.visibility = "hidden";
}
```

在原来的源代码中添加了以下语句。

setTimeout(kesu, 3000);

想实现的事情是让藤淘君的图像消失，所以编写了函数 kesu。作为参数的 3000 是指 3 秒。

在 setTimeout 或者其他使用时间的程序中，1 是 1 毫秒，即 0.001 秒的意思。想要指定"1 秒"的时候，就需要写 1000。它们的关系如下图所示。

制作游戏

毫秒	秒
1 毫秒	0.001 秒
10 毫秒	0.01 秒
100 毫秒	0.1 秒
1000 毫秒	1 秒
5000 毫秒	5 秒
10000 毫秒	10 秒
30000 毫秒	30 秒
60000 毫秒	60 秒（1 分）

"毫秒"和"秒"的关系

想要指定"1 分钟"的时候需要写"60000"哦。

运行前一节的 mogura.html 文件，一开始能看见藤淘君，3 秒后就消失了。

嗯 !3 秒后会消失啊。

setTimeout() 里写着"3 秒后调用函数 kesu"。

想要 5 秒后消失，写成

```
setTimeout(kesu, 5000);
```

就可以了。想要 10 秒后消失，后面的数字变成 10000。

● 时而出现，时而消失

程序编成现在这个样子，还是不能算打鼹鼠游戏。为什么这么说呢……

图像一消失就不能
再显示回来了啊！

没错。到目前为止只讲述了擦除图像的方法，但是为了图像再显示出来
还需要添加源代码。

擦除图像是用了以下的语句。

```
tentokun.style.visibility = "hidden";
```

那么把它改成

```
tentokun.style.visibility = "visible";
```

图像就可以显示出来了。

visible 是 hidden 的反义词，是"看得见"的意思。在这里是表示隐藏起
来的藤淘君图像又变得能看见了。

tataku.js

```javascript
var tentokun;

window.onload = function() {
  start();
};

function start() {
  tentokun = document.getElementById("gazo");
  setTimeout(kesu, 3000);
}

function kesu() {
  tentokun.style.visibility = "hidden";
  setTimeout(dasu, 3000);
}

function dasu() {
  tentokun.style.visibility = "visible";
  setTimeout(kesu, 3000);
}
```

在函数 kesu() 中先让藤淘君的图像消失。

tentokun.style.visibility = "hidden";
setTimeout(dasu, 3000);

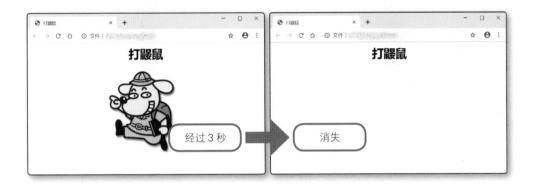

接着又过 3 秒，为了调用函数 dasu 而使用下面的 setTimeout 语句。

setTimeout(dasu, 3000);

setTimeout 基本上可以认为是描述 "下一步要做什么"。3000 这个数字是指定 "什么时候做"。

程序在这里是这样写的：

tentokun.style.visibility = "visible";

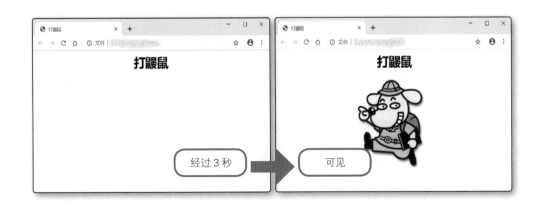

而且在那以后，指定了再次调用函数 kesu。这样一来，
start() → kesu() → dasu() → kesu() →…每 3 秒钟重复一次。

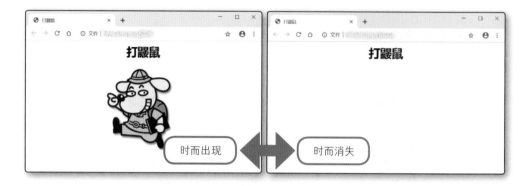

哇! 变成时而出现时而消失了耶!

将解说的内容标注在源代码上，就如下所示。

```
tataku.js    var tentokun;

             window.onload = function() {
                 start();
             };

             function start() {
                 tentokun = document.getElementById("gazo");
                 setTimeout(kesu, 3000);
             }

             function kesu() {
                 tentokun.style.visibility = "hidden";
                 setTimeout(dasu, 3000);
             }

             function dasu() {
                 tentokun.style.visibility = "visible";
                 setTimeout(kesu, 3000);
             }
```

3 秒后消失

3 秒后消失

3 秒后出现

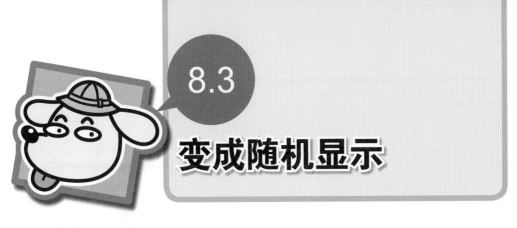

8.3 变成随机显示

如果鼹鼠每隔一定时间出现一次，玩家就会知道鼹鼠出现的时刻。只需在那个时刻使用锤子（在这里是鼠标）打鼹鼠就可以得分，游戏就会变得很无趣。那么该怎么办呢？

● 藤淘君随机出现

试着玩一下就会明白，只要知道"鼹鼠每 3 秒出现一次"，就能想出各种对策。比如前 2 秒歇着，到第 3 秒再敲打。这一切都是由于藤淘君（鼹鼠）出现的时间间隔是固定的。

虽然已经习惯了，但是别喊鼹鼠啦，人家是狗狗！

在正式的游戏中设定时间的时候，一般不会使用"每 3 秒"这样固定的数字。而是随机地，比如 1 秒、5 秒、0.3 秒等，以不可预测的间隔表现出效果。

为了产生随机的时间，JavaScript 有一种能够产生随机数字的方法。

Math.random();

随机表示的数字称为随机数。使用变量 ransu 表示随机数的程序是这样的。

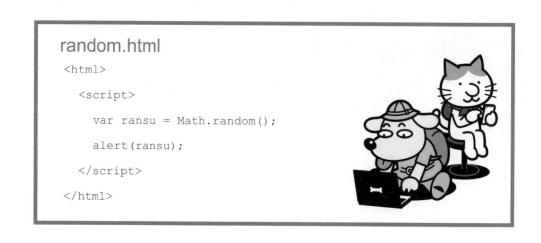

```
random.html
<html>
  <script>
    var ransu = Math.random();
    alert(ransu);
  </script>
</html>
```

运行这段程序,应该会出现下面这样的画面。但是,显示的数字却不一样。毕竟是随机数,执行结果不会是完全一样的。

此网页显示

0.567243184962658

确定

像这样试着反复运行多次。

此网页显示

0.7889661602841329

确定

原来如此。每次都出现不同的数字呢。

此网页显示

0.32291237515111737

确定

制作游戏

● 怎么做才能慢下来？

理解力强的人在多次执行上面的例子后，应该会发现这些数字都比 1 小。像 0.05049…也就在 0.05 左右。

那么，让我们回忆一下原本是出于什么目的想知道制作随机数的方法呢。藤淘君（鼹鼠）如果每 3 秒这样一个固定的时间间隔，出现或消失，那游戏就无法玩了。我们想让藤淘君在无法预测的时刻出现,也就是说不是"每 3 秒",而是换成随机的时间间隔。

于是，程序写成下面这样。

tataku.js

```javascript
var tentokun;


window.onload = function() {

  start();

};


function start() {

  tentokun = document.getElementById("gazo");

  var ransu = Math.random();

  setTimeout(kesu, ransu);

}


function kesu() {

  tentokun.style.visibility = "hidden";

  var ransu = Math.random();

  setTimeout(dasu, ransu);

}
```

```
function dasu() {

  tentokun.style.visibility = "visible";

  var ransu = Math.random();

  setTimeout(kesu, ransu);

}
```

程序即使写得正确，我都觉得这个游戏太难了。为什么呢？

鼹鼠出现的时间也太短了！！！

● 把随机数变大

实际上，Math.random() 产生的是 0 ~ 1 之间的小数。如果把它原封不动地作为定时器，那玩家就反应不过来了。因此，需要把随机数调整到 0 ~ 3 之间。那就要这么做了。

var ransu3 = Math.random() * 3;

这样啊！乘以 3 就能得到 3 以内的数字了！

random3.html

```
<html>

  <script>

    var ransu3 = Math.random() * 3;

    alert(ransu3);

  </script>

</html>
```

此网页显示

2.5569199641107927

确定

哇! 数字变大了!

● 重新设定时间

修改刚才的 tataku.js 文件，把出现藤淘君（鼹鼠）的时间改成适当的数字吧。

mogura.js

```
var tentokun;


window.onload = function() {

  start();

};


function start() {

  tentokun = document.getElementById("gazo");

  var ransu3 = Math.random() * 3;

  setTimeout(kesu, ransu3 * 1000);
```

```
  }

function kesu() {
  tentokun.style.visibility = "hidden";
  var ransu3 = Math.random() * 3;
  setTimeout(dasu, ransu3 * 1000);
}


function dasu() {
  tentokun.style.visibility = "visible";
  var ransu3 = Math.random() * 3;
  setTimeout(kesu, ransu3 * 1000);
}
```

在 setTimeout() 中将随机数扩大 1000 倍，是为了把单位变成"秒"。

```
setTimeout(kesu, ransu3 * 1000);
```

> setTimeout 的单位是毫秒
> （1/1000 秒）。

而且，mogura.html 里需要读取新的 js 文件 mogura.js，所以有必要追加下面的语句。

```
<script src="mogura.js"></script>
```

8.4 打鼹鼠

打鼹鼠的时候，如果页面出现特效一定会觉得很有趣吧。打中鼹鼠时，让页面中弹出什么，或着改变画像。试着制作这样的程序吧。

● 击中后显示对话框

到目前为止只是单纯地制作了藤淘君会时而出现时而消失的程序。为了让游戏更有戏剧效果，如果点击到出现的藤淘君（也就是打中鼹鼠），藤淘君就会消失。甚至，在点击成功的情况下添加一些特效。

上一章内容对你会很有帮助哦～

被击中的时候，藤淘君说些什么应该很有趣吧。比如试试这样的。点击到藤淘君就弹出"击中了！"的提示框。

制作名为 dialog.js 的程序。

dialog.js

```
var tentokun;


window.onload = function() {

  start();

};


function start() {

  tentokun = document.getElementById("gazo");

  tentokun.onclick = function() {

    alert("击中了! ");

  };

}
```

mogura.html

```
<html>

  <head>

    <title>打鼹鼠 </title>

    <script src=" dialog.js"></script>

    <style>

    h1, div {

      text-align:center;

    }

    </style>

  </head>

  <body>
```

```
        <h1> 打鼹鼠 </h1>
        <div><img src="tento.png" id="gazo"></div>
     </body>
</html>
```

mogura.html 里读取的 JavaScript 程序从 tataku.js 换成了 dialog.js。

```
<script src="tataku.js"></script>
                    ↓
<script src="dialog.js"></script>
```

重点是击中后onclick事件启动了。

● 击中后改变图像

接下来，击中后让藤淘君的脸发生变化。这在上一章也曾提到过，应该没有问题吧。制作 kaeru.js 文件。

```
kaeru.js
var tentokun;


window.onload = function() {
  start();
};


function start() {
  tentokun = document.getElementById("gazo");
```

```
tentokun.onclick = function() {

  tentokun.src = "naki.png";

};

}
```

mogura.html 里读取的 JavaScript 程序从 dialog.js 换成了 kaeru.js。

<script src="dialog.js"></script>

↓

<script src="kaeru.js"></script>

把这个逻辑追加到刚刚作成的"藤淘君随机出现、消失"的程序中。

tataku.js

```
var tentokun;


window.onload = function() {

  start();

};
```

```
function start() {
  tentokun = document.getElementById("gazo");
  tentokun.onclick = function() {
    alert("击中了！");
    tentokun.src = "naki.png";
  };
  var ransu3 = Math.random() * 3;
  setTimeout(kesu, ransu3 * 1000);
}


function kesu() {
  tentokun.style.visibility = "hidden";
  var ransu3 = Math.random() * 3;
  setTimeout(dasu, ransu3 * 1000);
}


function dasu() {
  tentokun.style.visibility = "visible";
  var ransu3 = Math.random() * 3;
  setTimeout(kesu, ransu3 * 1000);
}
```

函数 start() 中，在取得藤淘君图像的对象并赋值给变量 tentokun 后，追加了以下 4 行内容。

```
tentokun.onclick = function() {
  alert("击中了！ ");
  tentokun.src = "naki.png";
};
```

不要忘记在 mogura.html 里读取的 JavaScript 程序从 kaeru.js 换成 tataku.js 哦。

```
<script src="kaeru.js"></script>
        ↓
<script src="tataku.js"></script>
```

● 过一会儿恢复原样

你可能会觉得打鼹鼠游戏到现在应该完成了，但实际上还为时尚早呢。为什么这么说呢？击中藤淘君（打中鼹鼠）后图像变换成哭泣的藤淘君很是合适，但他不能永远都哭泣着吧？所以我们必须考虑过一段时间后恢复成原来的样子。

在藤淘君变成哭泣脸 1 秒后，让他恢复原样吧。在这里使用了 setTimeout()。

```
tataku.js
var tentokun;


window.onload = function() {
  start();
};
```

制作游戏

```
function start() {

  tentokun = document.getElementById("gazo");

  tentokun.onclick = function() {

    tentokun.src = "naki.png";

    setTimeout(modosu, 1000);

  };

  var ransu3 = Math.random() * 3;

  setTimeout(kesu, ransu3 * 1000);

}


function modosu() {

  tentokun.src = "tento.png";

}


function kesu() {

  tentokun.style.visibility = "hidden";

  var ransu3 = Math.random() * 3;

  setTimeout(dasu, ransu3 * 1000);

}


function dasu() {

  tentokun.style.visibility = "visible";

  var ransu3 = Math.random() * 3;

  setTimeout(kesu, ransu3 * 1000);

}
```

tentokun.onclick = function() { … } 语句中，图像变成哭泣脸（naki.png）之后，设置定时器。

243

```
tentokun.onclick = function() {
    tentokun.src = "naki.png";
    setTimeout(modosu, 1000);
};
```

经过 1 秒，即 1000 毫秒后，就会调用函数 modosu。modosu 是一个准备好的新函数。

```
function modosu() {
    tentokun.src = "tento.png";
}
```

因此执行 mogura.html，就会出现下面的页面。

如果用鼠标击中（打中），就会……

经过一段时间，画像又会恢复原样。

哇，终于做得像游戏了！

要做的事还有很多呢……

8.5
显示游戏得分

如果制作游戏，我还想显示出游戏得分。比如这回的游戏得分是 10 分，那么下回就会想得到 15 分。在自己制作的游戏中考虑游戏得分有些奇怪，但是我很着迷于此呢。

● 表示得分

游戏离不开游戏得分。我们给藤淘君的打鼹鼠游戏也找一个显示得分的地方吧。就是这样的感觉。

虽然现在是 0 分，但是每次击中藤淘君，也就是打中鼹鼠后就会显示 1 分、2 分、3 分……也就是每次分数都会加上 1 分。

首先，在藤淘君的图像下方显示出 "0 分"。更改页面的外观需要修改的是 mogura.html 文件。

mogura.html

```html
<html>
  <head>
    <title>打鼹鼠</title>
    <script src="tataku.js"></script>
    <style>
    h1, div {
      text-align:center;
    }
    </style>
  </head>
  <body>
    <h1>打鼹鼠</h1>
    <div><img src="tento.png" id="gazo"></div>
    <div>0 分</div>
  </body>
</html>
```

> 增加了这个语句

<div> 和 <h1> 不同，标签本身不是有意义的标签。<h1> 是"标题 1"的意思，被 <h1>…</h1> 包围的部分就像是标题，会用大字体显示。但是 <div> 没有实际的意义，所以写入的地方没有太大变化。

<div>0 分 </div>

在源代码中写入上面的语句，就可以显示分数。

● 击中就增加分数

虽然显示出了"0分"，但是这个分数在游戏进行中并不会增加，所以需要添加可以增加分数的逻辑。这就需要修改 JavaScript（js 文件）了。

首先，声明一个可以记录分数的变量 tensu，赋值为 0。

```
var tensu = 0;
```

接下来，添加一个每当点击到藤淘君图像（鼹鼠被打中的时候），就会增加 1 分的逻辑。

藤淘君图像被点击到的时候，画面已经出现了一些变化。击中就会变成哭泣脸就是其中之一。

到底要我哭多少次啊！！

相关的 tataku.js 源代码就是：

```
tentokun.onclick = function() {
    tentokun.src = "naki.png";
    setTimeout(modosu, 1000);
};
```

在这里，tentokun.src = "naki.png" 语句将图像变成藤淘君哭泣的图像，setTimeout(modosu, 1000) 语句在 1 秒（1000 毫秒）后恢复成原来的图像。在此处顺便再增加一点逻辑。

```
tentokun.onclick = function() {
    tentokun.src = "naki.png";
```

```
    setTimeout(modosu, 1000);
    tensu = tensu + 1;
};
```

将计算分数的程序添加到 tataku.js 中。

tataku.js

```
var tentokun;

var kieru;

var tensu = 0; // ★记录分数的变量


window.onload = function() {

  start();

};


function start() {

  tentokun = document.getElementById("gazo");

  tentokun.onclick = function() {

    tentokun.src = "naki.png";

    setTimeout(modosu, 1000);

    tensu = tensu + 1; // ★每回增加 1 分

  };

  var ransu3 = Math.random() * 3;

  setTimeout(kesu, ransu3 * 1000);

}


function kesu() {

  tentokun.style.visibility = "hidden";

  var ransu3 = Math.random() * 3;
```

第 8 章

制作游戏

```
    setTimeout(dasu, ransu3 * 1000);

}


function dasu() {

    tentokun.style.visibility = "visible";

    var ransu3 = Math.random() * 3;

    setTimeout(kesu, ransu3 * 1000);

}


function modosu() {

    tentokun.src = "tento.png";

}
```

这样，显示分数的逻辑就追加进去了。诶？可是……

无论点击多少次，分数
都完全没有增加啊！！！

实际上，变量 tensu 的值虽然增加了，但是在 mogura.html 中并没有把这个值反映到页面上。现在只是制作了得分增加的逻辑而已。接下来，我们改变一下页面的显示。

● 改写HTML

首先，为了改写 mogura.html 中表示得分的数字部分，用 HTML 标签 <span> 将 "0 分" 包围起来。JavaScript 等进行读取，然后改变外观，增加动态变化时会使用 <span> 标签。

具体来讲，mogura.html 中的 <div> 部分就会如下这样改写，添加 id 属性为 ten。

> <div><span id="ten">0</span>分</div>

接下来，在 tataku.js 里声明一个变量 hyoji。

> var hyoji;

用 getElementById("ten") 来获取并保存起来。

> hyoji = document.getElementById("ten");

然后，使用在上一章介绍过的 innerHTML 来显示加算后的分数，即显示变量 tensu。

> hyoji.innerHTML = tensu;

```
HTML(mogura.html)                      JavaScript(tataku.js)

<span id="ten"> 0 </span>              var hyoji = getElementById("ten");

                                       tensu = 1;
                                       hyoji.innerHTML = tensu;

               （将 0 改写为 1）
```

tataku.js 和 mogura.html 就变成下面这样了。

```
tataku.js
var tentokun;

var kieru;

var hyoji; // ★保存 span 标签里的对象的变量

var tensu = 0;


window.onload = function() {
```

制作游戏

```
    start();
};


function start() {
  tentokun = document.getElementById("gazo");
  hyoji = document.getElementById("ten");  // ★赋值为 span 标签
里的对象
  tentokun.onclick = function() {
    tentokun.src = "naki.png";
    setTimeout(modosu, 1000);
    tensu = tensu + 1;
    hyoji.innerHTML = tensu; // ★改变页面的分数显示
  };
  var ransu3 = Math.random() * 3;
  setTimeout(kesu, ransu3 * 1000);
}


function kesu() {
  tentokun.style.visibility = "hidden";
  var ransu3 = Math.random() * 3;
  setTimeout(dasu, ransu3 * 1000);
}


function dasu() {
  tentokun.style.visibility = "visible";
  var ransu3 = Math.random() * 3;
  setTimeout(kesu, ransu3 * 1000);
}
```

制
作
游
戏

```
function modosu() {
    tentokun.src = "tento.png";
}
```

mogura.html

```html
<html>
  <head>
    <title> 打鼹鼠 </title>
    <script src="tataku.js"></script>
    <style>
    h1, div {
      text-align:center;
    }
    </style>
  </head>
  <body>
    <h1> 打鼹鼠 </h1>
    <div><img src="tento.png" id="gazo"></div>
    <div><span id="ten">0</span> 分 </div>
  </body>
</html>
```

哈哈! 可以看到得分了!

8.6

游戏结束

事实上，这个游戏有一个重大的缺陷，就是没有结束条件，游戏会一直持续下去。在制作游戏结尾的同时，让我们在游戏结束前做个有点难度的游戏提升。

● 结束游戏吧

藤淘君已经能够时而出现时而消失。击中藤淘君时，不仅变成哭泣脸还能说出"击中了"的台词。藤淘君出现的时间是随机的，无法预测的。并且击中就可以得分。

作为一款游戏，感觉已经制作完成，具备了所有必要的机能了。但是……

还……还需要追加功能啊！

那就是这个游戏没有办法结束。击中后会增加游戏得分，但是没有"游戏到此结束"的结束条件。

因为是打鼹鼠的游戏，所以增加游戏时间限制吧！也就是说经过一段时间，游戏就结束。好像使用 setTimeout() 就能实现这个功能，我们试着来制作"一分钟后游戏结束"的逻辑。

先写出函数 stop，具体的源代码如下。这里的 60000 是指 60000 毫秒，也就是 60 秒（1 分钟）。

```
setTimeout(stop, 60000);
```

包括上面的语句，我们将 tataku.js 修改如下。

tataku.js

```
var tentokun;

var kieru;

var hyoji;

var tensu = 0;


window.onload = function() {
  start();
};


function start() {
  tentokun = document.getElementById("gazo");
  hyoji = document.getElementById("ten");
  tentokun.onclick = function() {
    tentokun.src = "naki.png";
    setTimeout(modosu, 1000);
    tensu = tensu + 1;
    hyoji.innerHTML = tensu;
  };
  var ransu3 = Math.random() * 3;
  setTimeout(kesu, ransu3 * 1000);
  setTimeout(stop, 60000);
}


function kesu() {
  tentokun.style.visibility = "hidden";
  var ransu3 = Math.random() * 3;
```

```
    setTimeout(dasu, ransu3 * 1000);
}


function dasu() {
    tentokun.style.visibility = "visible";
    var ransu3 = Math.random() * 3;
    setTimeout(kesu, ransu3 * 1000);
}


function modosu() {
    tentokun.src = "tento.png";
}


function stop() {
    alert(" 游戏结束！");
}
```

1 分钟后，应该出现如下画面。

但实际上游戏并没有就此结束。

点击 "游戏结束！" 提示框的 "确定" 按钮后，又会开始新的一轮。藤淘君又会时而出现，时而消失。击中藤淘君还会继续增加得分。

游戏没有彻底结束嘛……

● 用true和false解决问题！

我们来整理一下发生的问题吧。

①虽然点击了"游戏结束！"提示框的"确定"按钮，藤淘君还是继续时而出现，时而消失。

②虽然点击了"游戏结束！"提示框的"确定"按钮，得分还会继续增加。

这两个问题都是按了"确定"按钮以后出现的，也就是说问题只存在于函数 stop() 内。我们试着修正一下 stop()。

声明一个变量 gameover，以 true 和 false 来表示游戏的状态。true 是"真""对的"的意思。其反义词是 false，意为"假""错的"。

```
var gameover = false;
```

这个语句的意思是：游戏结束是假的，也就是说游戏还没有结束。一开始当然是这个状态。游戏得分之所以可以增加，是因为能看见藤淘君，可以用鼠标点击到它。

"游戏结束！"的提示框出现后，就应该看不到藤淘君，这个时候gameover 就变成真（true）了。

tataku.js

```javascript
var tentokun;

var kieru;

var hyoji;

var tensu = 0;

var gameover = false; // 表示游戏结束的状态


window.onload = function() {

  start();

};


function start() {

  tentokun = document.getElementById("gazo");

  hyoji = document.getElementById("ten");

  tentokun.onclick = function() {

    tentokun.src = "naki.png";

    setTimeout(modosu, 1000);

    tensu = tensu + 1;

    hyoji.innerHTML = tensu;

  };

  var ransu3 = Math.random() * 3;

  setTimeout(kesu, ransu3 * 1000);

  setTimeout(stop, 60000);

}


function kesu() {

  tentokun.style.visibility = "hidden";

  var ransu3 = Math.random() * 3;
```

```
      setTimeout(dasu, ransu3 * 1000);

  }


  function dasu() {

    if (gameover == false) { // 游戏没有结束的时候

      tentokun.style.visibility = "visible";

    }

    var ransu3 = Math.random() * 3;

    setTimeout(kesu, ransu3 * 1000);

  }


  function modosu() {

    tentokun.src = "tento.png";

  }


  function stop() {

    alert(" 游戏结束！ ");

    gameover = true; // 变成游戏结束的状态

    tentokun.style.visibility = "hidden"; // 藤淘君的图像消失

  }
```

● **最后的冲刺**！

大部分的游戏在接近终点的时候会提高游戏难度。我们制作的这个打鼹鼠游戏也可以这样。临近游戏结束的时候就加快藤淘君的显示速度，同样也可以让消失速度变得更快。

刁难一下玩家！嘿嘿嘿……

由于要控制时间，我们就利用 setTimeout。现在，藤淘君图像出现和消失的时间间隔设定为 1 ～ 3 秒之间的随机数。那么在游戏最后 10 秒的时候，将时间间隔缩短为 0 ～ 1 秒吧。

```
setTimeout(nokori10, 50000);
```

这里的 50000 指的是"游戏开始 50 秒的时候"。因为是 1 分钟（60 秒）的游戏，所以"游戏最后 10 秒"指的就是第 50 秒的时候。

咦？咦？最后 10 秒就是第 50 秒？

第 **8** 章

也就是说，当第 50 秒的时候，函数 nokori10 就会被调用。

函数 nokori10 首先会弹出一个写有"我已经生气了！"的提示框。

这里如果变成生气脸的图像就更有趣了……

可以试着改改呀！

制作游戏

```
var lastspurt = false;

function nokori10() {
  alert("我已经生气了！");
  lastspurt = true;
}
```

变量 lastspurt 的值最初是假（false）。但是函数 nokori10() 调用后，会弹出提示框"我已经生气了！"，如果点击"确定"按钮，那么变量的值就变成真（true）了。

在那之前，函数 kesu() 中调用函数 dasu() 来确定藤淘君出现的时机。当距离游戏结束还剩 10 秒的时候，就不调用 dasu() 而变成调用 dasu10() 了。

```
function kesu() {
  tentokun.style.visibility = "hidden";
  var ransu3 = Math.random() * 3;
  if (lastspurt == true) {
    setTimeout(dasu10, ransu3 * 1000); // 剩下10秒的时候
  } else {
    setTimeout(dasu, ransu3 * 1000);
  }
}
```

函数 dasu() 和函数 dasu10() 的不同之处仅仅在于变量 ransu3 和变量 ransu 的不同。在 dasu() 中为了让时间间隔处于 0 ~ 3 秒之间，在 Math.random() 上乘以 3；而在 dasu10() 中，就直接使用了 Math.random()。

```
function dasu10() {
  if (gameover == false) {
    tentokun.style.visibility = "visible";
  }
  var ransu = Math.random();
  setTimeout(kesu, ransu * 1000); // 0 ～ 1秒的随机时间
}
```

tataku.js

```
var tentokun;

var kieru;

var hyoji;

var tensu = 0;

var gameover = false;

var lastspurt = false; // 表示游戏剩余 10 秒的状态


window.onload = function() {

  start();

};


function start() {

  tentokun = document.getElementById("gazo");

  hyoji = document.getElementById("ten");

  tentokun.onclick = function() {

    tentokun.src = "naki.png";

    setTimeout(modosu, 1000);

    tensu = tensu + 1;
```

制
作
游
戏

```
    hyoji.innerHTML = tensu;
  };
  var ransu3 = Math.random() * 3;
  setTimeout(kesu, ransu3 * 1000);
  setTimeout(stop, 60000);
  setTimeout(nokori10, 50000);
}


function nokori10() {
  alert(" 我已经生气了！ ");
  lastspurt = true; // 设定成剩余 10 秒的状态
}


function kesu() {
  tentokun.style.visibility = "hidden";
  var ransu3 = Math.random() * 3;
  if (lastspurt == true) { // 剩余 10 秒的时候执行这个
    setTimeout(dasu10, ransu3 * 1000);
  } else { // 剩余 10 秒之前执行这个
    setTimeout(dasu, ransu3 * 1000);
  }
}


function dasu() {
  if (gameover == false) {
    tentokun.style.visibility = "visible";
  }
  var ransu3 = Math.random() * 3;
  setTimeout(kesu, ransu3 * 1000);
```

```
}
function dasu10() {
  if (gameover == false) {
    tentokun.style.visibility = "visible";
  }
  var ransu = Math.random(); // 0～1 秒的随机数
  setTimeout(kesu, ransu * 1000);
}


function modosu() {
  tentokun.src = "tento.png";
}


function stop() {
  alert(" 游戏结束！ ");
  gameover = true;
  tentokun.style.visibility = "hidden";
}
```

游戏可真是变得越来越难
玩了……

制
作
游
戏

8.7 显示最高分数

制作游戏＋绝对需要有显示最高分数的这个功能。因为谁都会想说：虽然这回只得了 10 分，但曾经得到过 20 分呢。然后，我们再来构造一个能玩多回游戏的框架。

● 记录最高分数

好不容易玩了游戏，大家都应该想知道自己到底能得到多少分数吧。我想每个人都应该有这样的经历，根据自己的状态，游戏里的题目，有时根本拿不到分数。

首先，更新 HTML 文件，确定出显示最高分数的位置。如下图所示。

具体的源代码如下：

mogura.html

```
<html>
  <head>
    <title> 打鼹鼠 </title>
    <script src="tataku.js"></script>
    <style>
    h1, div {
      text-align:center;
    }
    </style>
  </head>
  <body>
    <h1> 打鼹鼠 </h1>
    <div><img src="tento.png" id="gazo"></div>
    <div><span id="ten">0</span> 分 </div>
    <div>( 最高分数 : <span id="saiko">0</span> 分 )</div>
  </body>
</html>
```

已经提过很多次，相信大家都明白。这里追加了 "显示的位置" 并不意味着就能正常显示出来。

我知道! 还要改写 js 文件嘛!

你果然很明白了呀!

tataku.js

```javascript
var tentokun;

var kieru;

var hyoji;

var tensu = 0;

var saiko = 0; // 保存最高分数

var gameover = false;

var lastspurt = false;


window.onload = function() {

  start();

};


function start() {

  tentokun = document.getElementById("gazo");

  hyoji = document.getElementById("ten");

  tentokun.onclick = function() {

    tentokun.src = "naki.png";

    setTimeout(modosu, 1000);

    tensu = tensu + 1;

    hyoji.innerHTML = tensu;

  };

  var ransu3 = Math.random() * 3;

  setTimeout(kesu, ransu3 * 1000);

  setTimeout(stop, 60000);

  setTimeout(nokori10, 50000);

}
```

```javascript
function nokori10() {
  alert(" 我已经生气了！");
  lastspurt = true;
}


function kesu() {
  tentokun.style.visibility = "hidden";
  var ransu3 = Math.random() * 3;
  if (lastspurt == true) {
    setTimeout(dasu10, ransu3 * 1000);
  } else {
    setTimeout(dasu, ransu3 * 1000);
  }
}


function dasu() {
  if (gameover == false) {
    tentokun.style.visibility = "visible";
  }
  var ransu3 = Math.random() * 3;
  setTimeout(kesu, ransu3 * 1000);
}


function dasu10() {
  if (gameover == false) {
    tentokun.style.visibility = "visible";
  }
  var ransu = Math.random();
  setTimeout(kesu, ransu * 1000);
```

制作游戏

```
   }

function modosu() {
  tentokun.src = "tento.png";
}


function stop() {
  alert(" 游戏结束! ");
  gameover = true;
  tentokun.style.visibility = "hidden";
  if (tensu > saiko) { // 如果 tensu 的值比 saiko 的值大
    saiko = tensu; // 将 tensu 的值赋值给 saiko
    kiroku = document.getElementById("saiko"); // 取得表示最高
分数的对象
    kiroku.innerHTML = saiko; // 将 saiko 的值显示到页面
  }
}
```

● 制作开始按钮

本以为这个游戏已经制作出来了，没想到还是存在一个很大的缺陷。

我知道! 因为没有开始按钮，所以不能重新开始!

说得没错。如果只玩一次，点击 mogura.html 文件图标就可以开始了。但如果想再次玩这个游戏就必须重复同样的步骤。而且记录下来的游戏最高分数也会变回 0 分。这都是因为没有开始按钮。我们在 mogura.html 里添加下面的源代码。

```
<button id="start" >开始！</button>
```

按钮显示为"开始！"。这只是在界面上增加了一个按钮而已，它的功能还需要在 js 文件添加 JavaScript 语句，所以设定它的 id 属性为 start。

瞧，做出开始按钮了！！

现在这样，只是添加了开始按钮，按下它没有任何反应的哦！

mogura.html

```
<html>
  <head>
    <title> 打鼹鼠 </title>
    <script src="tataku.js"></script>
    <style>
    h1, div {
      text-align:center;
    }
    </style>
  </head>
  <body>
    <h1> 打鼹鼠 </h1>
    <div><img src="tento.png" id="gazo"></div>
    <div><span id="ten">0</span> 分 </div>
    <div>( 最高分数：<span id="saiko">0</span> 分 )</div>
    <div><button id="start" > 开始！</button></div>
  </body>
</html>
```

tataku.js

```
var tentokun;
var kieru;
var hyoji;
var botan; // 保存开始按钮对象
var tensu = 0;
var saiko = 0;
```

制作游戏

```javascript
var gameover = false;

var lastspurt = false;


window.onload = function() {

  start();

};


function start() {

  tentokun = document.getElementById("gazo");

  hyoji = document.getElementById("ten");

  botan = document.getElementById("start"); // 获取开始按钮对象

  tentokun.onclick = function() {

    tentokun.src = "naki.png";

    setTimeout(modosu, 1000);

    tensu = tensu + 1;

    hyoji.innerHTML = tensu;

  };

  botan.onclick = function() { // 如果点击开始按钮

    gameover = false; // 去掉游戏结束标志

    lastspurt = false; // 去掉剩余10秒标志

    tensu = 0; // 得分设成0

    hyoji.innerHTML = tensu; // 页面上显示得分为0

    start(); // 重新开始!

  };

  var ransu3 = Math.random() * 3;

  setTimeout(kesu, ransu3 * 1000);

  setTimeout(stop, 60000);

  setTimeout(nokori10, 50000);

}
```

制作游戏

```
function nokori10() {

  alert(" 我已经生气了！");

  lastspurt = true;

}


function kesu() {

  tentokun.style.visibility = "hidden";

  var ransu3 = Math.random() * 3;

  if (lastspurt == true) {

    setTimeout(dasu10, ransu3 * 1000);

  } else {

    setTimeout(dasu, ransu3 * 1000);

  }

}


function dasu() {

  if (gameover == false) {

    tentokun.style.visibility = "visible";

  }

  var ransu3 = Math.random() * 3;

  setTimeout(kesu, ransu3 * 1000);

}


function dasu10() {

  if (gameover == false) {

    tentokun.style.visibility = "visible";

  }

  var ransu = Math.random();
```

```
    setTimeout(kesu, ransu * 1000);

}


function modosu() {

    tentokun.src = "tento.png";

}


function stop() {

    alert(" 游戏结束! ");

    gameover = true;

    tentokun.style.visibility = "hidden";

    if (tensu > saiko) {

        saiko = tensu;

        kiroku = document.getElementById("saiko");

        kiroku.innerHTML = saiko;

    }

}
```

制作游戏

8.8 增加鼹鼠数量

如果增加鼹鼠的数量，游戏的难度就会飞跃性地上升，变得更像游戏了。但是如果有 3 只鼹鼠，就必须制作出 3 个对应的程序。这需要些什么呢？这可是游戏制作的最后冲刺了。

● 增加藤淘君的数量

游戏所需的功能都已经添加进去了，但还是觉得缺少点什么。当初我们的设计图（第 219 页）中出现了 3 只藤淘君，可是现在的程序里却只有 1 只，还没达到要求呢。

我不满意的是"只"这个量词啊！

狗就是用"只"来形容的嘛！

页面上显示出 3 只藤淘君并不是什么难事。

```
<img src="tento.png" id="gazo">
```

上面的语句能显示藤淘君的图像。只需要将它重复 3 次就可以出现 3 只藤淘君。

mogura.html

```html
<html>
  <head>
    <title>打鼹鼠</title>
    <script src="tataku.js"></script>
    <style>
    h1, div {
      text-align:center;
    }
    </style>
  </head>
  <body>
    <h1>打鼹鼠</h1>
    <div>
      <img src="tento.png" id="gazo">
      <img src="tento.png" id="gazo">
      <img src="tento.png" id="gazo">
    </div>
    <div><span id="ten">0</span>分</div>
    <div>(最高分数:<span id="saiko">0</span>分)</div>
    <div><input id="start" type="button" value="开始! "></div>
  </body>
</html>
```

显示图像的源代码重复写了 3 次。这样一来，我们想要的页面就出来了，如下所示。

制作游戏

不过，网页上虽然看到了 3 只藤淘君，但是点击"开始！"按钮后，第 2 只和第 3 只藤淘君却没有任何变化。为什么会这样呢？是因为这 3 只藤淘君的 ID 都是"gazo"。如果没有办法调整一下，这可就不能算是游戏了。因此，我们先把它们的 ID 分别命名为"gazo1""gazo2""gazo3"。

```
<img src="tento.png" id="gazo1">
<img src="tento.png" id="gazo2">
<img src="tento.png" id="gazo3">
```

其次，还需要为 3 只藤淘君分别制作相应的程序。

也就是说，虽然很辛苦，也需要制作一个包括3只藤淘君的程序。

增加了 3 只藤淘君的程序，tataku.js 源代码就变成如下这样了。

tataku.js

```
var tento1; // 保存左侧的藤淘君

var tento2; // 保存中间的藤淘君

var tento3; // 保存右侧的藤淘君

var hyoji;

var botan;

var tensu = 0;

var saiko = 0;

var gameover = false;

var lastspurt = false;


window.onload = function() {

  start();

};


function start() {

  tento1 = document.getElementById("gazo1"); // 获取左侧的藤淘
  君对象

  tento2 = document.getElementById("gazo2"); // 获取中间的藤淘
  君对象

  tento3 = document.getElementById("gazo3"); // 获取右侧的藤淘
  君对象

  hyoji = document.getElementById("ten");

  botan = document.getElementById("start");


  tento1.onclick = function() { // 击中左侧的藤淘君的时候

    this.src = "naki.png";

    setTimeout(modosu1, 1000);
```

```
    tensu = tensu + 1;

    hyoji.innerHTML = tensu;

};


tento2.onclick = function() { // 击中中间的藤淘君的时候

    this.src = "naki.png";

    setTimeout(modosu2, 1000);

    tensu = tensu + 1;

    hyoji.innerHTML = tensu;

};


tento3.onclick = function() { // 击中右侧的藤淘君的时候

    this.src = "naki.png";

    setTimeout(modosu3, 1000);

    tensu = tensu + 1;

    hyoji.innerHTML = tensu;

};


botan.onclick = function() {

    gameover = false;

    lastspurt = false;

    tensu = 0;

    hyoji.innerHTML = tensu;

    start();

};


var ransu3 = Math.random() * 3;

setTimeout(kesu1, ransu3 * 1000); // 左侧的藤淘君消失的定时器

setTimeout(kesu2, ransu3 * 1000); // 中间的藤淘君消失的定时器
```

```
setTimeout(kesu3, ransu3 * 1000); // 右侧的藤淘君消失的定时器

setTimeout(stop, 60000);

setTimeout(nokori10, 50000);
}


function nokori10() {
  alert(" 我已经生气了！");
  lastspurt = true;
}


function kesu1() {
  tento1.style.visibility = "hidden"; // 时间到了，左侧的藤淘君消失
  var ransu3 = Math.random() * 3;
  if (lastspurt == true) {
    setTimeout(dasu101, ransu3 * 1000);
  } else {
    setTimeout(dasu1, ransu3 * 1000);
  }
}


function kesu2() {
  tento2.style.visibility = "hidden"; // 时间到了，中间的藤淘君消失
  var ransu3 = Math.random() * 3;
  if (lastspurt == true) {
    setTimeout(dasu102, ransu3 * 1000);
  } else {
    setTimeout(dasu2, ransu3 * 1000);
  }
}
```

制作游戏

```
function kesu3() {

  tento3.style.visibility = "hidden"; // 时间到了，右侧的藤淘君消失

  var ransu3 = Math.random() * 3;

  if (lastspurt == true) {

  setTimeout(dasu103, ransu3 * 1000);

  } else {

    setTimeout(dasu3, ransu3 * 1000);

  }

}


function dasu1() {

  if (gameover == false) {

    tento1.style.visibility = "visible"; // 时间到了，左侧的藤淘
      君出现

  }

  var ransu3 = Math.random() * 3;

  setTimeout(kesu1, ransu3 * 1000); // 左侧的藤淘君消失的定时器

}


function dasu2() {

  if (gameover == false) {

    tento2.style.visibility = "visible"; // 时间到了，中间的藤淘
      君出现

  }

  var ransu3 = Math.random() * 3;

  setTimeout(kesu2, ransu3 * 1000); // 中间的藤淘君消失的定时器

}


function dasu3() {
```

```
  if (gameover == false) {
    tento3.style.visibility = "visible"; // 时间到了，右侧的藤淘
      君出现
  }
  var ransu3 = Math.random() * 3;
  setTimeout(kesu3, ransu3 * 1000); // 右侧的藤淘君消失的定时器
}


function dasu101() {
  if (gameover == false) {
    tento1.style.visibility = "visible"; // 时间到了，左侧的藤淘
      君出现
  }
  var ransu = Math.random();
  setTimeout(kesu1, ransu * 1000); // 左侧的藤淘君消失的定时器
}

function dasu102() {
  if (gameover == false) {
    tento2.style.visibility = "visible"; // 时间到了，中间的藤淘
      君出现
  }
  var ransu = Math.random();
  setTimeout(kesu2, ransu * 1000); // 中间的藤淘君消失的定时器
}

function dasu103() {
  if (gameover == false) {
    tento3.style.visibility = "visible"; // 时间到了，右侧的藤淘
      君出现
```

```
  }
  var ransu = Math.random();
  setTimeout(kesu3, ransu * 1000); // 右侧的藤淘君消失的定时器
}


function modosu1() {
  tento1.src = "tento.png"; // 左侧的藤淘君恢复原样
}


function modosu2() {
  tento2.src = "tento.png"; // 中间的藤淘君恢复原样
}


function modosu3() {
  tento3.src = "tento.png"; // 右侧的藤淘君恢复原样
}


function stop() {
  alert(" 游戏结束！");
  gameover = true;
  tento1.style.visibility = "hidden"; // 左侧的藤淘君消失
  tento2.style.visibility = "hidden"; // 中间的藤淘君消失
  tento3.style.visibility = "hidden"; // 右侧的藤淘君消失
  if (tensu > saiko) {
    saiko = tensu;
    kiroku = document.getElementById("saiko");
    kiroku.innerHTML = saiko;
  }
}
```

第 **8** 章

制作游戏

282

● 精简程序

程序变得好长，好复杂。我们试着利用 5.2 节学过的函数的参数来让程序变短些。

```
mogura.js
var tento1;

var tento2;

var tento3;

var hyoji;

var botan;

var tensu = 0;

var saiko = 0;

var gameover = false;

var lastspurt = false;


window.onload = function() {

  start();

};


function start() {

  tento1 = document.getElementById("gazo1");

  tento2 = document.getElementById("gazo2");

  tento3 = document.getElementById("gazo3");

  hyoji = document.getElementById("ten");

  botan = document.getElementById("start");


  tento1.onclick = function() {

    click(tento1); // 击中左侧的藤淘君的时候
```

```
    };

    tento2.onclick = function() {
      click(tento2); // 击中中间的藤淘君的时候
    };

    tento3.onclick = function() {
      click(tento3); // 击中右侧的藤淘君的时候
    };

    botan.onclick = function() {
      gameover = false;
      lastspurt = false;
      tensu = 0;
      hyoji.innerHTML = tensu;
      start();
    };

    var ransu3 = Math.random() * 3;
    setTimeout(kesu1, ransu3 * 1000); // 左侧的藤淘君消失的定时器
    setTimeout(kesu2, ransu3 * 1000); // 中间的藤淘君消失的定时器
    setTimeout(kesu3, ransu3 * 1000); // 右侧的藤淘君消失的定时器
    setTimeout(stop, 60000);
    setTimeout(nokori10, 50000);
}

function click(gazou) { // 参数传来的"gazou 对象"被击中的时候
  gazou.src = "naki.png";
  setTimeout(function() {
```

```
      modosu(gazou);
    }, 1000);   // 参数传来的“gazou 对象”恢复原样的定时器
    tensu = tensu + 1;
    hyoji.innerHTML = tensu;
}


function nokori10() {
    alert("我已经生气了！");
    lastspurt = true;
}


function kesu(gazou) {
    gazou.style.visibility = "hidden"; // 参数传来的“gazou 对象”消失
    var ransu3 = Math.random() * 3;
    if (lastspurt == true) {
        setTimeout(function() {
            dasu(gazou, 1);
        }, ransu3 * 1000);
    } else {
        setTimeout(function() {
            dasu(gazou, 3);
        }, ransu3 * 1000);
    }
}


function kesu1() {
    kesu(tento1); // 左侧的藤淘君消失
}
```

制作游戏

```
function kesu2() {
  kesu(tento2); // 中间的藤淘君消失
}


function kesu3() {
  kesu(tento3); // 右侧的藤淘君消失
}


function dasu(gazou, timer) {
  if (gameover == false) {
    gazou.style.visibility = "visible"; // 参数传来的"gazou 对
      象"出现
  }
  var ransu = Math.random() * timer; // 利用参数传来的秒数 timer
  来计算随机数
  setTimeout(function() {
    kesu(gazou);
  }, ransu * 1000);  // 参数传来的"gazou 对象"消失的定时器
}


function modosu(gazou) {
  gazou.src = "tento.png"; // 参数传来的"gazou 对象"恢复原样
}


function stop() {
  alert(" 游戏结束！ ");
  gameover = true;
  tento1.style.visibility = "hidden";
  tento2.style.visibility = "hidden";
```

第**8**章

制作游戏

286

```
    tento3.style.visibility = "hidden";
    if (tensu > saiko) {
      saiko = tensu;
      kiroku = document.getElementById("saiko");
      kiroku.innerHTML = saiko;
    }
  }
```

还有很多种精简程序的写法哦！大家动动脑筋想想吧！

如果使用数组等技术，还可以显示出得分最高玩家的名字哦。这个游戏还能追加很多功能呢！

制作游戏

内 容 提 要

本书是一本面向儿童学习 JavaScript 和 Web 应用的基础性教材，共有 8 章，分别介绍了编程的定义、条件分支、循环语句、数组、函数、全局变量和局部变量、用 JavaScript 改变网页、制作游戏等内容。本书语言生动、有趣，版式设计活泼、新颖。书中采用短范例的形式，能够让学习者轻松地理解并学会编写程序语句。

本书适合对 JavaScript 感兴趣的儿童阅读和学习，也适合从事初级编程培训的机构作为教材使用。

北京市版权局著作权合同登记号：图字 01-2019-6699 号

图书在版编目（CIP）数据

12岁开始学JavaScript和Web应用 / 日本TENTO著 ；徐乐群译. -- 北京 ： 中国水利水电出版社，2020.4
ISBN 978-7-5170-8523-2

Ⅰ.①1… Ⅱ.①日… ②徐… Ⅲ.①JAVA语言—网页制作工具—儿童教育—教材 Ⅳ.①TP312.8 ②TP393.092.2

中国版本图书馆CIP数据核字(2020)第062737号

策划编辑：杨庆川　执行编辑：庄 晨　责任编辑：杨元泓　王开云　封面设计：梁 燕

书　　名	12 岁开始学 JavaScript 和 Web 应用 12 SUI KAISHI XUE JavaScript HE Web YINGYONG
作　　者	［日］TENTO 著　徐乐群 译
出版发行	中国水利水电出版社 （北京市海淀区玉渊潭南路 1 号 D 座 100038） 网址：www.waterpub.com.cn E-mail：mchannel@263.net（万水） 　　　　sales@waterpub.com.cn 电话：(010) 68367658（营销中心）、82562819（万水）
经　　售	全国各地新华书店和相关出版物销售网点
排　　版	北京万水电子信息有限公司
印　　刷	天津联城印刷有限公司
规　　格	184mm×240mm　16 开本　18 印张　262 千字
版　　次	2020 年 4 月第 1 版　2020 年 4 月第 1 次印刷
定　　价	59.00 元